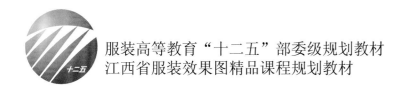

服装高等教育"十二五"部委级规划教材
江西省服装效果图精品课程规划教材

服装效果图技法

黄春岚　胡艳丽　编著

U0242001

中国纺织出版社

内 容 提 要

本书共分五章，分别为服装绘画概述、服装绘画中的人物表现、服装绘画的版式设计、服装效果图的表现技法、服装效果图的创意设计表现；循序渐进地介绍了服装效果图中线条的表现及上色步骤与技巧，易学易懂，操作性强。同时，本书结合了作者多年的服装效果图教学经验，收录了许多江西服装学院学生的服装效果图作品，图文并茂，通过本课程的学习，掌握服装效果图技法，并从中得到学习的乐趣。

本书既可以作为高等院校服装专业的教材，也可以作为服装爱好者的自学用书。

图书在版编目（CIP）数据

服装效果图技法 / 黄春岚，胡艳丽编著. --北京：中国纺织出版社，2015.12（2018.11重印）

服装高等教育"十二五"部委级规划教材　江西省服装效果图精品课程规划教材

ISBN 978-7-5180-2091-1

Ⅰ.①服…　Ⅱ.①黄…②胡…　Ⅲ.①服装设计—效果图—绘画技法—高等学校—教材　Ⅳ.①TS941.28

中国版本图书馆CIP数据核字（2015）第255782号

责任编辑：宗　静　　责任校对：余静雯
责任设计：何　建　　责任印制：何　建

中国纺织出版社出版发行
地址：北京市朝阳区百子湾东里A407号楼　邮政编码：100124
销售电话：010—67004422　传真：010—87155801
http://www.c-textilep.com
E-mail: faxing@c-textilep.com
中国纺织出版社天猫旗舰店
官方微博 http://weibo.com/2119887771
北京华联印刷有限公司印刷　各地新华书店经销
2015年12月第1版　2018年11月第3次印刷
开本：889×1194　1/16　印张：11.75
字数：135千字　定价：52.80元

出版者的话

　　《国家中长期教育改革和发展规划纲要》（简称《纲要》）中提出"要大力发展职业教育"。职业教育要"把提高质量作为要点。以服务为宗旨，以就业为导向，推进教育改革。实行工学结合、校企合作、顶岗实习的人才培养模式"。为全面贯彻落实《纲要》，中国纺织服装教育协会协同中国纺织出版社，认真组织制订"十二五"部委级教材规划，组织专家对各院校上报的"十二五"规划教材选题进行认真评选，力求使教材出版与教学改革和课程建设发展相适应，并对项目式教学模式的配套教材进行了探索，充分体现职业技能培养的特点。在教材的编写上重视实践和实训环节内容，使教材具有以下三个特点：

　　（1）围绕一个核心——育人目标。根据教育规律和课程设置特点，从培养学生学习兴趣和提高职业技能入手，教材内容围绕生产实际和教学需要展开，形式上力求突出重点，强调实践。附有课程设置指导，并于章首介绍本章知识点、重点、难点及专业技能，章后附形式多样的思考题等，提高教材的可读性，增加学生学习兴趣和自学能力。

　　（2）突出一个环节——实践环节。教材出版突出高职教育和应用性学科的特点，注重理论与生产实践的结合，有针对性地设置教材内容，增加实践、实验内容，并通过多媒体等形式，直观反映生产实践的最新成果。

　　（3）实现一个立体——开发立体化教材体系。充分利用现代教育技术手段，构建数字教育资源平台，开发教学课件、音像制品、素材库、试题库等多种立体化的配套教材，以直观的形式和丰富的表达充分展现教学内容。

　　教材出版是教育发展中的重要组成部分，为出版高质量的教材，出版社严格甄选作者，组织专家评审，并对出版全过程进行跟踪，及时了解教材编写进度、编写质量，力求做到作者权威、编辑专业、审读严格、精品出版。我们愿与院校一起，共同探讨、完善教材出版，不断推出精品教材，以适应我国职业技术教育的发展要求。

中国纺织出版社

教材出版中心

前言

  随着时代的发展和各学科的相互交叉与渗透，作为服装设计造型艺术基础训练的服装效果图也在不断地创新与发展。对于服装绘画与服装设计的研究，首先要明白服装效果图是为服装设计服务的，再就是要探讨服装效果图如何来表现设计效果的问题。日本设计名家大智浩说："当设计师有意识地对服装设计的各界定因素做整合处理时，最后时装所呈现的面貌一定在设计师的设计观中。只是在表现设计师个人的审美经验时必须与服装的功能性达到统一。"

  服装设计是创造服装的，服装效果图是表现服装的。它们既分享共同的形式元素，又各自有不同的遵循原则。服装效果图可以将服装作为主体来表现某种场景及情绪，又可以通过它来把设计构思展现在纸上。设计师克里斯汀·拉克鲁瓦（Christian Lacroix）、詹尼·范思哲（Gianni Versace）的设计就有很强的时代感和创意性。

  服装设计在造型上有三个主要因素：款式、色彩、面料。那么时装绘画就要从这三方面入手，首先要了解款式是何种风格的，如是带有古典味的还是现代感的；再看色彩搭配；还要看面料的轻薄厚重、光泽与粗糙等；然后再决定服装效果图的人物造型、绘画技法。

  作为服装设计专业的教材，本书着重讲解服装效果图的绘画技法和技巧，以及构图和系列效果图的画法；本书的所有章节由黄春岚、胡艳丽共同编著完成。

  本书的特色是书中大量作品来源于作者及学生，图例生动，并且每一章节都有重点、难点分析和作业的安排，在此也向提供这些作品的学生表示感谢。

  对于本书的出版，还非常感谢同事对我们工作的支持。由于时间紧迫，不足之处在所难免，望大家批评指正。

编著者

2015年8月

教学内容及课时安排

章/课时	课程性质/课时	节	课程内容
第一章 （4课时）	基础理论 （12课时）		• 服装绘画概述
		一	服装绘画的基本概念及分类
		二	服装绘画的学习方法
		三	服装绘画的发展——回顾经典
第二章 （8课时）			• 服装绘画中的人物表现
		一	服装效果图中线条的表现
		二	头部及四肢表现
		三	服装效果图中的人体动态
		四	服装效果图中的衣纹规律
第三章 （4课时）	重点内容 （52课时）		• 服装绘画的版式设计
		一	服装绘画风格
		二	服装效果图的构图形式
		三	服装绘画的背景
第四章 （40课时）			• 服装效果图的表现技法
		一	黑白灰表现法
		二	水彩色技法表现
		三	水粉色技法表现
		四	彩铅技法表现
		五	马克笔技法表现
		六	各种织物表现
		七	特殊技法与电脑服装效果图表现
第五章 （8课时）			• 服装绘画的创意设计表现
		一	引发创意表现的源泉
		二	创新与设计

注　各院校可根据自身的教学特点和教学计划对课程时数进行调整。

目录

第一章　服装绘画概述

第一节　服装绘画的基本概念及分类

服装绘画有服装效果图、时装画、服装装饰画等不同的称谓。服装绘画是对设计思想的表达，目的在于将设计构思转为可视形态，从而把设计师的设计理念和创作意图通过直接明了的视觉形式展示出来，使人们能够了解其意图并提出修改意见。服装绘画的表现始终贯穿于服装设计的全过程，设计的不同阶段需要不同形式的表现图。服装绘画按照创作目的不同分为五类，分别是：服装草图、服装款式图、服装效果图、服装画（时装插画、时装）、服装史料图。

一、服装草图

1. 概念

服装草图是一种表现设计意识氛围的图，是设计师以最快捷方便的形式对思维成果的一种记录，可以是灵感再现时的感受涂鸦，也可以是设计稿的前期想法图。

2. 分类

服装草图可以分为彩色草图（图1-1）和线稿草图（图1-2）。

3. 特点

服装草图的特点是绘画快速，表现整体效果。

二、服装款式图

1. 概念

服装款式图是指具体能够表现服装成品的外形轮廓、内部衣缝结构及相关附件形状，且将服装款式结构、工艺特点、装饰配件及制作流程进一步细化形成的具有切实科学依据的示意图，必要时可以用简练的文字辅助说明以及附上面料小样。服装款式图是可以在生产中

图1-1　彩色草图　（作者：胡艳丽）

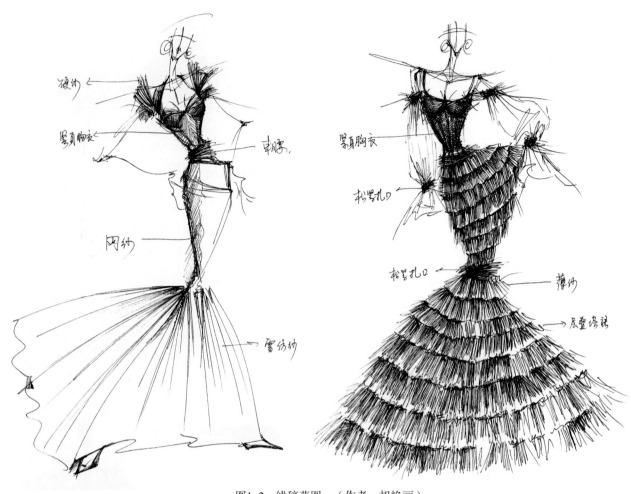

图1-2 线稿草图 （作者：胡艳丽）

起指导作用，使衣片的分割细节搭配和主要做工效果一目了然，一般要画正面、侧面、背面的效果。

2. 特点

服装款式图简洁明了，操作方便，用以表现服装的式样，款式图一般不需要表现立体感，多用线条勾勒绘制方法比较简单，且能借助制图工具描绘，款式图有快速记录传达款式设计意图，且在绘图时应注意款式的工艺性、工整性、细节性和实用性。

3. 分类

款式图分为电脑服装款式图（图1-3）与手绘服装款式图（图1-4）。

4. 作用

服装款式图是指导服装打板师打出服装样板，样衣师作样衣的蓝本、依据，广泛应用于成衣生产，帮助明确理解服装的结构和工艺，主要起指导生产的作用。

三、服装效果图

1. 概念

服装效果图指的是表现设计者以设计要求为内容，用以表现服装设计构思的概括性的、简洁的绘画，通常表现服装的造型、分割比例、局部装饰及整体搭配等。服装效果图多为整洁工整的绘画，旁边贴有面

图1-3　电脑服装款式图　（作者：黄春岚）

图1-4　手绘服装款式图　（作者：李宗欣）

料小样及文字说明，并且有正反面的款式图，是设计师将灵感通过平面要素所描绘的着装图，要求准确、清晰地体现其设计意图和穿着效果。服装效果图之所以称之为"图"，是因为它是为制作服装而画的图纸，表现的是设计者所设想的服装穿着的总体效果。

2. **分类**

服装效果图还可分为参赛效果图（图1-5）、企业服装效果图（图1-6）和流行信息效果图（图1-7）。参赛服装效果图根据大赛要求绘制系列款式设计，创意感强。企业服装效果图主要以某一季度款式设计为主开发新的流行的款式而绘制。流行信息效果图主要是表现某一季的服装流行特点。

图1-5　参赛服装效果图　（作者：郑建文）

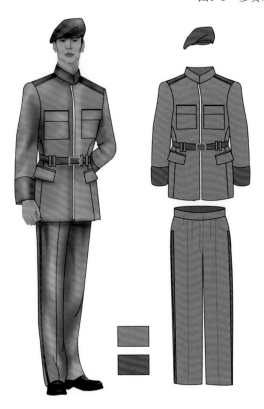

图1-6　企业服装效果图　（作者：黄春岚）

3. **特点**

服装效果图绘画中的具体特点有以下几点。

（1）构图形式单纯，主要画人及服装，场景相对简化。

（2）人体动态夸张。

（3）体现服装四要素：款式、色彩、面料、工艺。

（4）绘画特点明显。

（5）服装服饰有整体感。

（6）背景装饰简单。

总之，一幅完美的服装设计效果图，应具备两个方面的特点，一是有最佳的设想构思，二是有扎实的绘画表现技能。服装效果图虽不是纯艺术品，但必须有一定的艺术魅力。具有美感的服装效果图干净、简洁、有力、悦目、切题。它本身是一件好的装饰品，融艺术与技术为一体，是形状、色彩、质感、比例、大小、光影的综合表现，代表了服装设计师的工作态度、品质与自信力，也便于同行和生产部门理解其意图。

图1-7　流行信息服装效果图　（学生作品）

4. 作用

服装效果图表达设计师的设计意图和构思，准确表达出服装各部位的比例结构，为打样板和缝制提供十分具体的工艺要求，为客户提供准确的设计意图和流行信息，为服装厂商和销售商带来促销效果，使之对某类服装留下深刻印象，并产生购买欲。服装效果图有利于设计师检验最初设计构思的穿着效果，借以听取意见，不断修改完善；有利于告诉服装制作人员构思意图和追求效果，便于制作人员领会和相互配合。因此，服装效果图一般要求画得较快，并且对于服装的结构、比例及工艺等方面要求较为严格。

四、服装画

1. 概念

服装画也叫时装插画、时装画。服装画是将服装设计构思以写实或夸张的手法表达出来的一种绘画形式，线条、造型、色彩、光线和面料肌理是服装画的基本要素。其种类因消费目标和绘画工具的不同而千变万化，有水彩、水粉、钢笔、铅笔、剪纸和计算机绘制等。服装画是画不是图，因此它要像其他画那样给人以美感，并具有一定的艺术欣赏价值。所以，服装画不必过于注重服装结构和工艺，也不必画出背面图。但要注意一些可以增加画面效果的工艺形态和关键的款式细节。除了服装细节以外，服装画的表现内容还包括表现形式，人体动态、神态、情趣，画面构图，表现手法，线条气韵，色彩浓淡，画面主题等。

　　时装画的概念是以绘画为基本手段，通过一定的艺术处理来表现时尚服装的款式特征和展现其穿着后的美感为目的的一种画种。以欣赏及宣传为主要目的，注重绘画技巧和视觉冲击力，画面效果更接近于绘画艺术，具有很强的艺术性和鲜明的个性特征。时装是在一定时间内所时兴的新款服装。也就是说，时装具有一定的新鲜感和时尚的信息。凡是时装，都具有时间性、流行性和新颖性。从某种意义上讲，时装也包括那些富于创意和形式美感的服装。因此，时装的特点决定了时装画要具有鲜明的艺术特色。在表现形式上，由于时装画特定内容的需要，要求作者深入细致地领会时装造型、款式、色彩等方面的特点，选择出一个表现时装特点的最佳角度，通过人物的类似戏剧性的造型姿态展示时装的最佳视觉效果。

　　2．**分类**

　　服装画按绘画表现性可分为表现性服装画、创造性服装画及服装装饰画。表现性服装画是画已设计好的服装，一般是临摹照片，在照片的基础上进行一些夸张变化。创造性服装画是画自己设计的服装，是自己脑中想象设计的。服装装饰画重在装饰美和形式美，对所采用的工具和材料毫无限制，因此表现语言更加多样，表现力更加丰富，人物形态和服装形态也更加变得离奇、怪异。但值得一提的是，服装装饰画并不等于服装画中的装饰手法。服装画中的装饰主体是服装，是借鉴了装饰画的艺术语言，是为表现服装这个中心所采用的一种形式。

　　3．**特点**

　　（1）构图完整（图1-8）。

　　（2）人体夸张。

　　（3）动态优美。

图1-8　服装画　（学生临摹大师作品）

（4）形式美感强。

（5）可借鉴其他艺术形式。

4. 作用

时装画是表达服装设计构思的重要手段，是传递时尚信息的一种媒介，其对服装审美有积极的推动作用。在当今社会，时装画既有艺术价值，又有实用价值，常常用作广告海报、样宣等，指导消费，预告流行。

五、服装史料图

1. 概念

服装史料图忠实地记录服装的样式、细节和特征，作为保存的服装图示，特别注重准确与翔实，用于服装史料分析中。

2. 分类

服装史料图分两大类，一类是款式图形式的资料图，如图1-9所示；另一类是人物着装的资料图，如图1-10所示。

图1-9　服装史料图　（款式图）

Surcoat with false sleeves
垂袖苏尔考特

Diapered gold cloth sur-
coat, laced front
胸前系带的金线
花缎苏尔考特

Surcoat over white cotte
苏尔考特套在白
色考特外面

Crimson cloth houp-
pelande
深红色豪普兰德
长衫

Azure blue flecked with
gold, crimson velvet trim-
ming, gold brocaded velvet
hennin
带有金点的天蓝色
丝绒裙，深红色镶边，金
色花丝绒亨尼帽

Brocaded doublet, fur
trimmed, jeweled neck-
lace
花缎短外衣，毛皮
镶边，领圈镶有珠宝

Surcoat with cotte, jew-
eled girdle, reticulated
headdress
苏尔考特和考特，
镶有珠宝的腰带，网罩
头饰

Fur lined velvet tunic,
cloth under tunic, jeweled
belt, colored stockings
毛皮里丝绒外衣，
毛料内衣，镶有珠宝的
腰带，彩色长筒袜

图1-10　服装史料图　（人物着装）

3. 特点

服装史料图的特点是把服装特色表达得十分清晰，并且有文字说明细节。

4. 作用

服装史料图是作为服装设计的一个史料图，有利于研究服装史。也有利于当代设计作品的借鉴与升华。

第二节　服装绘画的学习方法

一、学习服装绘画的方法

服装绘画的学习方法多种多样，但最易见效的是"临画结合"法。临摹作为学画的第一阶段，当这一阶段的临摹稿积累到一定的数量，便会有创作的冲动。这时便可转入第二阶段画照片，根据自己所掌握的方法对照片进行变形夸张。久而久之，即可进入第三阶段根据主题创作。

学习服装绘画要经历这三个阶段，每一阶段都有一个过程，必须有一定数量的积累才会有质量上的提高，学服装效果图虽数量必不可少，但正确的方法更重要。服装绘画首先要求写实人物绘画基本功要扎实，然后再变化各种形式，练习基本功应以写实为主，其他手法次之。从写实入手并非是要你画多久的素描头像和石膏，学服装绘画的基础事实上是想象默画人物动态草图，多勾画人体动态再掌握一定的明暗关系、色彩知识和服装知识就可以达到事半功倍的效果。凭着自己的想象和理解，按照一定的较为固定的模式进行勾画，画中的人物及服装都是作者想象出来的，这样看来，要画好服装绘画必须具备默画能力和想象力。

1. 临摹优秀时装画及大师的服装效果图

临摹大师的服装效果图（图1-11），感受大师作品的构图、色彩、用笔，要读懂画后再临摹会更有收获。临摹大赛入围的优秀稿件（图1-12）可以让自己的设计及绘画技巧快速提高，也有利于审美水平的提高。

图1-11　临摹大师作品

图1-12　大赛入围服装效果图　（作者：黄春岚）

2. 画照片

临摹优秀服装效果图一定数量后（临摹10张以上），这时你基本上也能默写一些简单的服装绘画。为了对服装绘画进一步了解，可以开始画照片，在照片的选择上要注意尽量挑选形式美感强的画面，这样让你画起来更有积极性（图1-13）。画照片时其实也是一个再创作的过程，以女性服装为例要注意以下几点。

（1）眼睛要夸张，大一些，女性的颈部要画得长而细。

（2）动态可以适当夸大一些。

（3）腰的部位要细，夸张一些，手脚可以适当加大一点。

（4）为了记忆方便，脸部造型可以固定自己的风格，默画为主。

（5）画照片时仔细分析明暗关系，哪些地方亮哪些地方暗都要多分析。

（6）画照片的目的不是为了照搬照片，而是为了创作，当你画多张照片后就要开始尝试依据照片进行创作了。

3. 根据主题设计创作

主题一词源于德国，最初是一个音乐术语，指乐曲中最具特征并取得优越地位的那一旋律，即"主旋律"，它表现了一个完整的音乐思想，是乐曲的核心。后来，这个术语才广泛地应用于一切文学艺术作品

图1-13　画照片　（作者：黄春岚）

的创作。日本把这一概念译为"主题"，我们也就从日本那里借用过来。所谓主题，即作者在说明问题、发表主张或反映生活现象时，通过全部文章内容所表达出来的基本观点或中心思想。

根据主题创作这一阶段开始时有点懵，但多看一些主题的服装效果图，肯定会有帮助的。进行主题设计创作时，一开始就要查看下一季度以及这一季度的流行款式、流行色彩、流行面料、流行图案等，再接着寻找与主题有关的大量素材，然后根据这些素材就可以在纸上涂鸦，直至选出自己满意的铅笔稿件后再开始上色。主题创作以服装设计大赛为多，如图1-14所示，这是参加第二届"园洲杯"全国休闲服装设计大赛银奖作品，主题是NO.Four，灵感来源于当下热门的3D打印技术，用现代的展示形式表现服饰图案。

图1-14　第二届"园洲杯"全国休闲服装设计大赛银奖　（作者：许东豪）

如图1-15所示为2014中国旅游服装服饰设计大赛入围效果图作品，主办方以"拓展旅游产业功能，提升旅游服饰发展水平，彰显旅游产业整体形象，推动旅游战略性支柱产业发展"为宗旨，着力提升旅游服装服饰设计水平，提高旅游者服装服饰的安全性、舒适性和便捷性，推动旅游服饰品牌化发展为主题。设计的内容为：

（1）酒店前厅：总台服务员、前厅迎宾员等。

（2）餐厅：中、西餐厅服务员，领班，主管，调酒师等。

（3）客房：客房、洗衣房服务员等。

（4）行政管理：公关营销员、高层管理人员等。

（5）康乐中心：保健师、领班、健身教练等。

（6）后勤：保安、工程技术人员等。

作者郑少辉根据主办方的主题及要求进行创作，紧扣主题来表现自己的想法。如图1-16所示为服装

图1-15　2014中国旅游服装服饰设计大赛入围效果图　（作者：郑少辉）

图1-16　2014中国旅游服装服饰设计大赛作品及设计说明　（作者：郑少辉）

的款式图及设计说明，设计说明中以中国元素为灵感，以民族纹样的印花为手段，表现出非常喜庆的中国特色。

二、学习服装效果图技法应具备的素质

学习服装效果图技法，第一，是要去尝试不同工具的表现，了解每一种绘画工具的缺点与优点，了解绘画的风格特色。当然，基本的绘画技能是要掌握的，多画速写能增强绘画的抓形能力及快速表现能力。第二，是画服装效果图要有独创性和想象力，有了文化的底蕴画出来的作品才会内涵丰富。第三，了解服装结构、面料、色彩及款式设计及流行趋势，这样能更好地表现服装效果图，毕竟服装是时尚产业。具有时尚感的服装效果图更能打动人。第四，了解和掌握20世纪服装发展史及大师的风格是学习服装效果图内质延伸。从20世纪初期的夏奈尔到21世纪初的加里亚诺，每一位设计大师都为我们在服装史上留下了恒美的一笔：20世纪20～30年代优雅浪漫的低腰露背装；50年代典雅富贵的高级时装；60～70年代叛逆怪异的嬉皮士、朋克服饰；80年代宽肩、宽松男性化职业女装；90年代迷人的蕾丝、透视服饰……只有深入学习20世纪服装的发展历史，才能理解那个时代大师们的设计风格和艺术表现，从而借鉴到自己的服装设计当中。掌握电脑效果图的表现技法能更好地表现效果。

学习服装效果图具备的素质总结如下：

（1）目测比例训练的掌握。

（2）人体知识的掌握。

（3）掌握理想人体比例。

（4）着装表现能力的掌握。

（5）收集优秀的作品。

（6）加强临摹和默写。

（7）练习美术基本功。

（8）灵敏捕捉流行信号。

（9）借鉴能力的掌握。

第三节 服装绘画的发展——回顾经典

一、服装绘画的历史

服装绘画产生的最初原因并不是为服装设计而诞生的，而是因为在16世纪的欧洲，随着世界贸易的发展，艺术的创新也有所突破。当时上流社会时尚的生活需要画面丰富的时尚杂志来娱乐，时装画作为杂志的插画便产生了。当时有许多画家也会为时尚杂志画插图，时装画家也随之产生。西欧的文艺复兴时期服装方面的杂志已经出现，但插图的画面比较粗糙，离时装画的感觉还比较远，既看不出面料质感，也看不出线条的粗细。据国外资料记载，16世纪中叶，在伦敦工作的温斯劳斯·荷勒（Wenceslaus Hollar）用蚀刻法做出了世界上第一张真正的时装画，从此之后，可以印刷出精致且具有个人风格的时装画。

17世纪，在法国路易十四资助之下，一张专门报道服装信息的报纸诞生了。信息的快速传播，导致服装业的迅速发展，其中表现最新服装款式的时装画也大量出现。18世纪，由于雕刻及铜版画技艺的提高，时装画的表现也越来越精美，时装画由单一的一个款式逐渐变成系列服装，并且经常描绘一些时髦的建筑

图1-17 20世纪初期时装画

外观、室内精美的陈设、奇特的发型、帽、鞋等作为背景的处理。18世纪中叶，乔治三世统治时期，英国先锋周刊《女士杂志》于1759年出版发行。18世纪末，法国的《流行时报》出现，推动了服装界的发展。由此可见欧洲这时的服装业非常兴盛，以至于在绘画界出现了所谓的风俗画，版画领域出现了所谓的雅宴画等。19世纪下半叶，巴黎再次成为时装中心，时装以浪漫主义风格为主。20世纪兴起的众多艺术流派对时装画产生了极大的影响。比如，毕加索创立的"立体主义"对形象的分解和构成的几何形状，马蒂斯为代表的"野兽主义"以鲜艳的色块刺激眼睛，达利为代表"超现实主义"的荒谬，等等，都为时装画提供了无限的创作灵感。时装画不再是单一的形式，而是以技法和风格多样形式出现。在20世纪10～20年代，时装画受"新样式艺术""迪考艺术"影响较大，装饰性强，形象都经过变形和提炼，结构清晰，画面整洁有序（图1-17）。这一时期代表人物有莱帕波（Lepape）、本尼通（Benito）等。30年代，受野兽主义、表现主义、超现实主义等影响较大，画风随意柔和，注意表现力，强调立体感和色彩的感受。代表人物为艾里克（Eric）、威廉麦兹（Willanmez）、勒内·布歇尔（Rene Bouche）等。

20世纪30年代末，随着摄影技术的提高，*VOGUE*杂志1932年第一次使用了照片作为封面之后，时装摄影逐渐取代了时装画的版面，时装画受到严峻的考验。80年代时装画再次受到关注，人们逐渐认识到时装画的作用不仅在于时装杂志插图。

在我国，时装画起步晚，20世纪30年代才开始出现。其代表人物为现代艺术大师叶浅予先生、现代工艺大师张光宇和张正宇先生。50年代末，中央工艺美术学院开设时装画这门课。随着服装业的发展，时装画越来越成熟。

二、时装画经典作品赏析

1. 西班牙阿图罗·埃琳娜（Arturo Elena）

西班牙阿图罗·埃琳娜（Arturo Elena）绘画风格：人体夸张、动态张扬，细节描绘细腻真实(图1-18)。

2. 英国大卫·唐顿（David Downtown）

英国大卫·唐顿 (David Downton) 的作品风格特点为：简洁线条加上不做作的风格，用简洁的线条勾勒出女性的婀娜多姿，其内容丰富而不啰唆，将色彩的华丽与灵动的笔触完美的结合，光与影的完美碰撞，完全艺术化的表达方式使画面意境幽远（图1-19）。

图1-18 阿图罗·埃琳娜（Arturo Elena）作品

图1-19　大卫·唐顿（David Downton）作品

3. 芬兰劳拉·莱恩（Laura Laine）

芬兰劳拉·莱恩（Laura Laine）作品风格特点：Laura擅长使用铅笔和墨水笔，独有的纯粹黑与画纸本身的纯白，来完成自己的创作对于形态和线条细节的专注，使得Laura笔下的女性们充满了无限的风情。作品中的模特个个都是丰盈飘逸的长发，纤细的身材给人一种神秘的鬼魅感，人物动态优美，头发描绘有特色且具质感（图1-20）。

图1-20　劳拉·莱恩（Laura Laine）作品

4. 韩国朴秀兰（Enakei）

韩国朴秀兰（Enakei）是著名的插画家。作品超级唯美、浪漫、少女、委婉，画面干净、色调柔和，感觉温暖（图1-21）。

图1-21 朴秀兰（Enakei）作品

第二章　服装绘画中的人物表现

第一节　服装效果图中线条的表现

一、线条的重要性

英国画家布莱克曾说："艺术品的好坏取决于线条。"

1. 线是造型语言

在服装效果图中，人物的形象都要靠线条传达给人们，线条是服装效果图造型的手段，所以线条在服装效果图中就显得尤为重要。现存的原始作品告诉我们绘画艺术最初使用的媒介是线条。客观物体的外表并没有线条存在，但人们却智慧地从中提炼概括出带有主观虚拟性的线条用来表现物象的结构、形态、质感、量感、神态和动态，作为服装效果图主体的人亦是如此。这些线条在塑造形体上各尽其能、覆盖、穿插、交错、呼应，最后组成一个有机的整体，充分体现着艺术的真实。因此，服装效果图中看起来似乎是极其简单的线条，其实往往凝结着作者对形体深刻的领悟。看看下面的图例，光是脸部、衣服上的寥寥几根线条就体现出作者过人的造型功力。脸部轮廓及五官以细线勾出，简洁概括而且极其精确。眼睛、眉宇、嘴角间变化十分细微，双目凝视，若有所思，风姿神采，呼之欲出，真正达到了一毫之差、面目全非的地步。手与肘部的关节用几根轻松简约、挥洒自如的衣纹线表达得淋漓尽致，身体的体积、衣服的质感跃然纸上。确实称得上是以形写神、形神兼备。

2. 线是个人风格的体现

柔软圆润的线条体现出秀美的个人风格，如图2-1所示；快速飘逸、硬朗挺拔的线条体现出爽快的个人风格，如图2-2所示。

3. 线的情感表达

（1）粗线的特性：厚重、粗犷、严密中有强烈的

图2-1　服装效果图线稿　（作者：黄春岚）

图2-2 线是个人风格的体现 （作者：胡艳丽）

紧张感。

（2）细线的特征：锐利、清秀、敏感。

（3）长线的特性：具有连续性、速度性的运动感（图2-3）。

（4）短线的特性：具有停顿性、刺激性、较迟缓的运动感。

（5）绘图直线的特性：干净、单纯、明快、整齐。

（6）铅笔线和毛笔线的特性：自如、随意、舒展。

（7）水平线的特性：安定、左右延续、平静、稳重、广阔、无限。

（8）垂直线的特性：下落、上升的强烈运动力，明确、直接、紧张、干脆的印象。

（9）斜线的特性：倾斜、不安定、动势、上升下降运动感，有朝气。斜线与水平线、垂直线相比，在不安定感中表现出生动的视觉效果。

图2-3　服装效果图线稿　　（作者：黄春岚）

二、线条的概念

什么是线条？答：简单来说"线条是点移动的轨迹"。另一角度看线条的概念。

线条在空间里是具有长度和位置的细长物体。在数学上来说，线条没有面积只有形态和位置，在绘画中线条是有长短、宽度和面积的，当长度和宽度比例到了极限程度的时候就形成了线条。

从绘画的角度来看，线条有长短、宽度之分，随着线条宽度的增加就会使人有从线到面的感觉，但如果它周围都是类似线的群体，那么宽度较大的线也会认为是粗线。线的长短形状不同，我们把它分成各种不同的线。由于各种线的形态不同也就具有各自不同的特性。

三、画线条的工具

1. 毛笔

用毛笔画的线条细腻、清晰、柔和，灵活使用，变化多端。

2. 针管笔

使用针管笔画的线条精美、明快，形象简洁、生动。

3. 弯尖钢笔

用弯尖钢笔画的线具有生动活泼的美感，粗犷，富有粗细变化，既可以表现出人物造型的明暗变化，又能体现其内在的结构起伏及不同的质感表现。

4. 麦克笔

使用麦克笔画的线条果断、快捷，画面精炼、洒脱，充满现代气息。

四、线条的要求及宗旨

服装效果图中线条的要求是简洁、概括、整体、流畅。简而言之，线条要求达到两点：一是"形准"，二是"线美"。服装效果图中的线条宗旨是突出表现面料质感和款式特征。

五、线条的表现方式

1. 速写勾线

（1）特征：用笔快速，利落、简洁、线条轻松，灵动，有虚实表现，画面明快，如图2-4所示。

（2）技巧：概括表现头、颈、手脚。服装重廓型表现，设计重点可以适当画细致。

（3）性格：大气，灵气。

2. 勾线勾线

勾线时手要稳，慢慢勾勒，如中国画工笔中的铁线描。用毛笔绘画有弹性且张力感强，用钢笔绘画有金属感。

（1）特征：其特征是线条清晰、均匀、流畅、挺拔、刚劲。它近似于传统绘画中的铁线描，线条刚劲挺拔及圆润两种样式，褶裥清晰、线条流畅、粗细一致，如图2-5所示。

（2）技巧：力度与速度要保持均衡、平稳。

（3）性格：乖巧、严谨。

（4）表现规律：一般适宜于表现轻薄、细腻或柔和、透明的面料，如绸缎、纱丝或化纤面料等。线的造型可使服装产生一种规整、细致并富有一定的装饰意趣。它既可采用毛笔中锋，也可以采用针管笔来表现。

3. 规则勾线

（1）特征：线条粗细相当，排列整齐有强烈的韵律感，如图2-6所示。

（2）用线方法：线条一般是匀线。是有规则的排列，有一定规律性，如外轮廓与内部结构线不同粗细。

4. 明暗线

（1）特征：线条有结构感、闪烁感，如图2-7所示。

（2）用线方法：一般用铅笔、碳笔表现，线的旁边有一点面感，感觉是一种明暗的关系。

图2-4　速写勾线法　（作者：黄春岚）

图2-5　勾线勾线法　（作者：黄春岚）

图2-6 规则勾线 （作者：黄春岚）

5. 不规则勾线

（1）特征：用不规则的勾线来表现不同织物，如图2-7所示。

（2）用线方法：可抖动手腕来画或者画圈圈来表现。

（3）表现规律：其线条常常是借鉴与吸收传统艺术中的石刻、蜡染、印刻及写意画中的用线特征，其线条古拙苍劲、浑厚有力、顿挫有致，有一定随意性。它比较适宜于表现凹凸不平的面料，如一些粗糙呢料及一些毛绒制品等。其线的表现可使服装产生一种肌理感与粗重厚实的效果，它一般是采用毛笔的侧锋来表现。

6. 粗细勾线

（1）特征：随意，变化丰富。疏密粗细变化强，活跃自然，可有明暗变化、衣褶粗细变化。线条粗细兼备，生动多变，刚柔并济，虚实相生，如图2-8所示。

（2）分类：粗细勾线按形态分为柳叶描、竹叶描、钉头鼠尾描、减笔描。

①柳叶描。

特征：形如柳叶。

技巧：下笔轻，中间重，收笔轻。

②竹叶描。

明暗线

不规则线

图2-7　明暗线、不规则线　　（作者：黄春岚）

特征：形如竹叶。

技巧：下笔轻，马上加重，收笔渐轻。

③钉头鼠尾描。

特征：起笔形如钉头，收笔形如鼠尾。

技巧：下笔顿，渐渐收笔轻，尾很长。

④减笔描。

特征：简化，粗犷，中国画小写意中常用。

技巧：下笔轻松，一般中间笔触很宽，两头尖。

（3）性格：灵活多变。

（4）表现规律：适合表现较厚重悬垂性好的面料或光滑、硬挺质地的面料。由于线条的刚柔、粗细、虚实的变化，使得人物造型具有极强的立体感，并且，服饰造型显得生动活泼。此线条可运用毛笔中侧锋或弯尖钢笔等。

7. 暗面装饰勾线

（1）特征：线条有装饰味，如图2-8所示。

（2）用线方法：在匀线、规则线的基础上，暗面画得更粗。

  总之，线条的造型是通过线的节奏、快慢、流转、提顿、轻重变化及线的长短、粗细、方圆、曲直、刚柔以及疏密、虚实等的变化形式来构成它的艺术风格与美感形式的，不同的线条形式有其各自的美感特征。例如，细腻、均匀、飘逸的长线给人们以流畅、缠绵、精美的效果；顿挫分明、方挺的线条则会产生一种明快、坚实的美感；笔势圆润的曲线则让人感到光滑、华丽之美；粗重、苍劲的线条则有一种豪放、古朴之美。服装人物画中衣纹线条的组合与衣褶的表现出会产生一定的美感。例如，衣纹的表现既能客观真实地反映出着装人物的服装造型与质感，又能反映出人物的内在骨骼结构，而且，线之本身也产生出和谐、变化起伏的律动美。

图2-8　粗细线、暗面装饰线　（作者：黄春岚）

第二节　头部及四肢表现

一、头部标准画法

  头部五官的认识如图2-9所示。

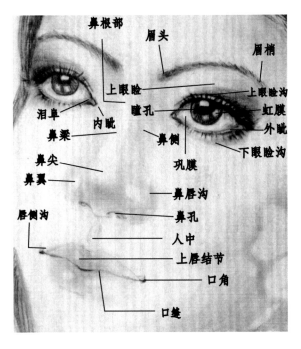

图2-9　五官的认识

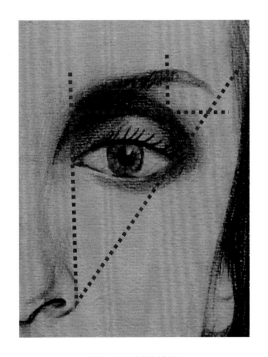

图2-10　眉的认识

1. 眉

结构 $\begin{cases} 眉头：粗、浓 \\ 眉峰：细、浓 \\ 眉尾：细、淡 \end{cases}$ 以单笔线出现，略简。

（1）对眉毛的认识：眉头位于眼头的垂直上方，如图2-10所示。眉峰位于眼睛直视之眼球外侧上方距眉头约2/3处（依表情而易动的地方）。眉长为自鼻翼至眼尾斜上去45°的延长线上。眉尾要高于眉头。

（2）眉毛的生长方向：眉头向上生长，中央部位横向生长，眉尾向下生长，如图2-11所示。

（3）眉峰神奇的作用：眉峰越高，显脸越长；眉峰越低，显脸越短；眉峰越靠近眉头，显脸越窄；眉峰越靠近眉尾，显脸越宽。

（4）眉的平衡：长的眉会使脸看起来小一些，短眉则会使脸看来显大。粗眉会使脸看起来较瘦，细眉会使脸看起来较大。

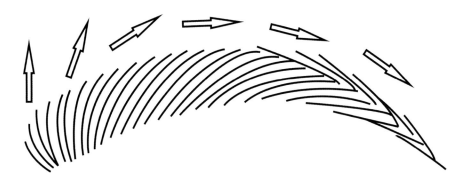

图2-11　眉毛生长方向示意图

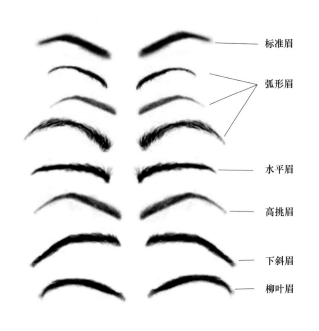

图2-12 各种眉形

标准眉

弧形眉

水平眉

高挑眉

下斜眉

柳叶眉

（5）常见眉形的分类（图2-12）：

标准眉：眉峰明显，有力度，给人坚毅、简洁之感。

弧形眉：眉峰不明显，显得端庄秀丽。

水平眉：眉头和眉梢在同一水平线上，显得自然而年轻。

高挑眉：即上斜眉，也称上扬眉，精致的眉形，显得成熟娇媚。

下斜眉：眉梢斜向下方，给人以亲切、慈祥、柔美感。

柳叶眉：眉梢的弧度如柳叶一般圆润，没有眉峰。

（6）脸形与眉形的搭配：椭圆形脸适合各种眉形。圆脸眉头压低，眉峰上扬，可以起到拉长脸形的作用，如挑眉。正方形脸眉头压低，眉峰上扬并尽量不突出眉峰，如线条柔和的柳叶眉。长方形脸较平，略带弧度，缩短五官的距离，如水平眉。由字脸眉峰后移，眉毛拉长，扩张额头的宽度，如下斜眉。申字脸平直，眉峰后移并尽量不突出眉峰，眉尾拉长可以扩张额头的宽度，如弧形眉。

2. 眼睛

眼睛最重要的是表现神情，为了更好地表达眼睛的传神，应注重轻重、虚实，一般上眼睑要画重一些，眼尾比眼头色重。仰视的眼睛上眼睑比下眼睑弧度大，俯视的眼睛则是下眼睑比上眼睑的弧度大，如图2-13所示。

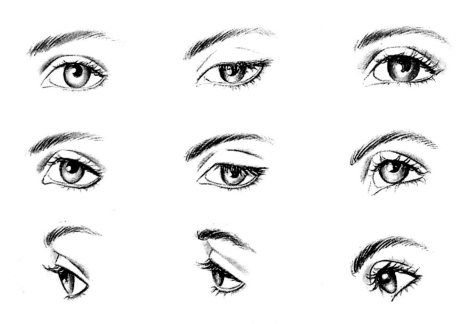

图2-13 眼睛的各种角度画法

3. 嘴

　　嘴的结构由上唇、下唇、嘴角、口缝（口裂线）及人中组成，一般上嘴唇比下嘴唇厚，嘴角、口裂线要画的色重一些，如图2-14所示。一般唇形会随时代审美改变而变化，如图2-15所示。

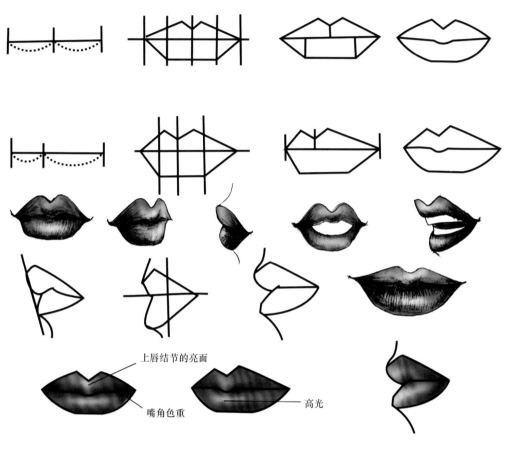

图2-14　嘴的画法

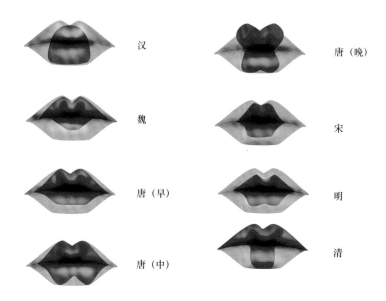

图2-15　不同朝代嘴唇的画法

4. 鼻子

鼻子的主要结构由鼻骨、鼻翼软骨、鼻孔组成，服装效果图中经常用省略的手法来画鼻子，如图2-16所示。

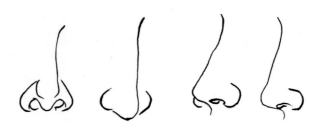

图2-16 鼻子在服装效果图中的画法

5. 耳

耳朵从外轮廓看呈半圆形，含耳轮、耳孔等诸多结构，如图2-17所示。

耳朵画法对于素描人物头像来说，画好其中的每一个器官，对形象的把握是极其重要的，而耳朵在人物头像绘画五官中占据着极重的分量。在对人物头像耳朵的表现时，要从以下几个步骤逐步进行：

第一步，要找准耳朵的外部形状。耳朵的外部呈半圆状态，有耳郭、耳孔等结构，在进行绘画表现时，要先用直长线条大体画出耳朵的外轮廓，与此同时还要考虑画面的构图安排。

第二步，刻画出耳朵的局部形状。这个阶段要用短直线条表现，便于把形画得较为准确，用线时力度要轻一些，便于修改。

第三步，画大体的明暗。这个步骤要把耳朵的大的明暗效果较为简练地勾画出来，使用型号较浅的铅笔，如HB、H等型号，采用网格交叉线重复进行绘画。画的时候要注意用笔力度的轻重变化，一般情况下，每根线条入笔和收笔较轻，中间行笔较重，这样画出的形才更具有轻灵、通透的视觉效果。

第四步，细致刻画。这个环节要求画者要对写生对象进行深入细致的观察和了解，充分理解耳朵的黑白灰层次变化以及灰色调的过渡。画时按耳朵不同部位的受光所产生的明暗变化来确定画的遍数，一般最重的部位要画五到七遍才能完成，而直接受光部位要留白，充当高光（也就是对光的直接反射部位）效果。这样反复多次，才能把耳朵的素描效果表现得更充分。

6. 发型

画头发时要一组一组地画，分出上下组别，再按照发型的不同围绕头部来画。如图2-18所示的发型画法主要运用的是线的规则排列画法，这种画法有规律性，装饰性强，可以充分地发挥自己的想象来设计发型，这种画法特别适合画长发。

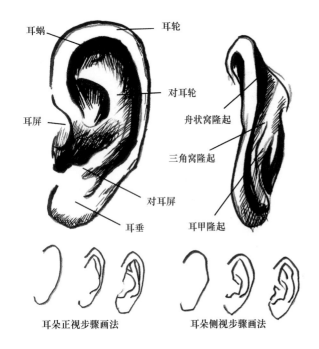

耳蜗　　　耳轮

对耳轮

耳屏　　　舟状窝隆起

三角窝隆起

对耳屏

耳垂　　　耳甲隆起

耳朵正视步骤画法　　　耳朵侧视步骤画法

图2-17 耳朵的画法

图2-18 发型的规则排列画法 （作者：黄春岚）

　　如图2-19所示，用同一脸形配不同发型，从这些发型中可以看到头发有塑造脸形的作用，也可以从图中感受头发的受光面与暗面的区域，一般靠近颈部的头发颜色要暗一些。

　　如图2-20所示为女性长发发型，其中第一幅图与其他的都不同，是用Photoshop软件画的，可以明显地感受到头发是一组一组表现的，明暗层次较丰富。

　　如图2-21所示为男性发型，脸部是用Photoshop软件画的，搭配不同的发型，可以塑造不同的形象。画男性的发型时要注意发组的交错感。

　　7. 整体头部表现

　　整体头部表现如图2-22、图2-23所示。

图2-19　同一脸形配不同发型

图2-20 女性长发发型

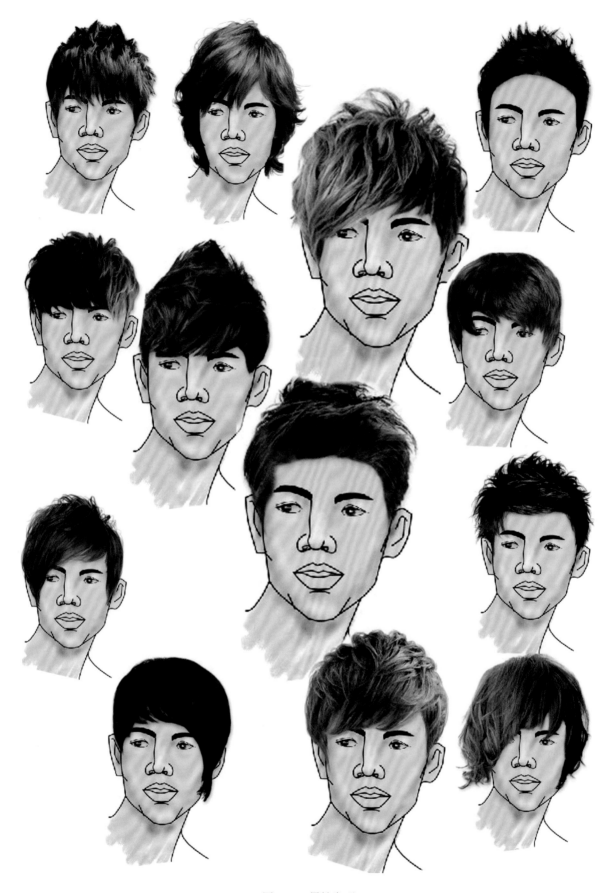

图2-21　男性发型

图2-22　不同视角的头部表现　（作者：黄春岚）

图2-23　不同角度的头部表现

二、手脚的表现

1. 手

服装效果图中手脚一般为一个头长，手指和手掌的长度几乎相等。女性的手纤细而柔软，且优美修长。女性手指的动作尽量呈S形，这样画得比较优美，如图2-24所示。男性的手粗壮而方直。

2. 脚

脚和手一样可以协调和加强人体完整的审美形象，画脚时要注意脚的结构和透视关系，如图2-25所示。

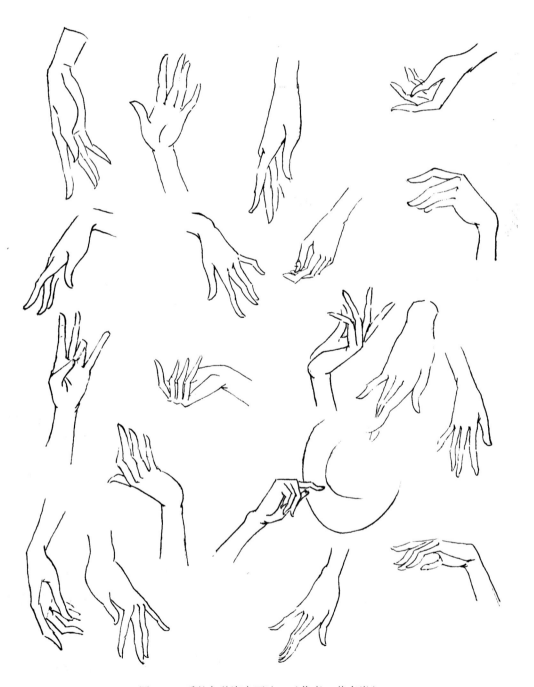

图2-24 手的各种姿态画法 （作者：黄春岚）

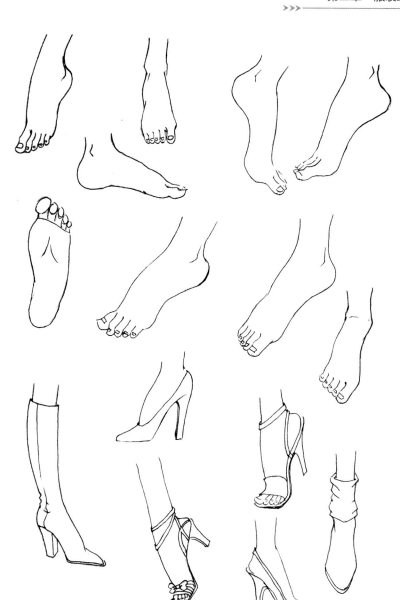

图2-25 脚的画法 （作者：黄春岚）

第三节　服装效果图中的人体动态

一、动态与重心

掌握人体的重心平衡要注意肩和臀的关系，盆骨偏移可以使人体动态更加优美。

重心线是两锁骨中心向地面所作的一条垂直线，以表示人体重心的所在，注意如果失去重心，那么所画的动态人体就是错误的。时装画人体动态的重心可以在两足之间；也可一条腿作为支撑腿，而另一条腿为动态腿，用这个规律检验动态是比较好的一种方法（除空中姿势）。

如图2-26所示体现了人体姿态最重要三条线——肩线、髋线、重心线，画人体要仔细体会这三条线的变化。重心落在一条腿上，如图2-27所示。

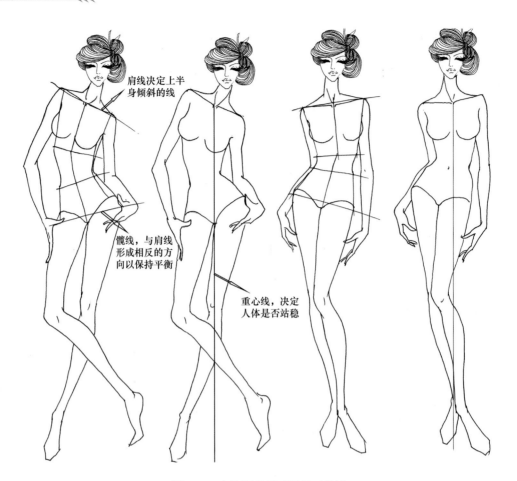

肩线决定上半
身倾斜的线

髋线，与肩线
形成相反的方
向以保持平衡

重心线，决定
人体是否站稳

图2-26　人体姿态最重要的三条线

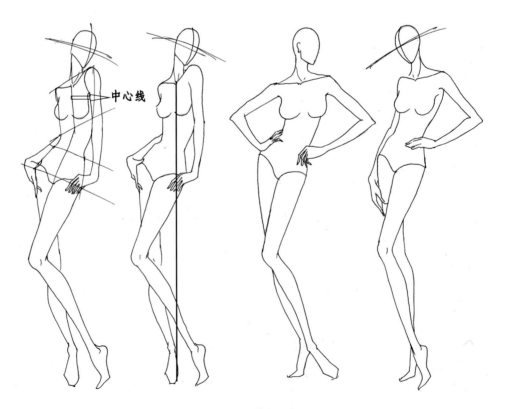

中心线

图2-27　重心落在一条腿上

二、常用人体姿态

常用人体姿态如图2-28、图2-29所示。

图2-28　常用人体姿态之一

图2-29　常用人体姿态之二

三、人体着装表现及系列服装效果图

如图2-30、图2-31所示为人体着装表现图。如图2-32～图2-34所示为系列服装效果图。

图2-30　从人体到着装表现图　（作者：黄春岚）

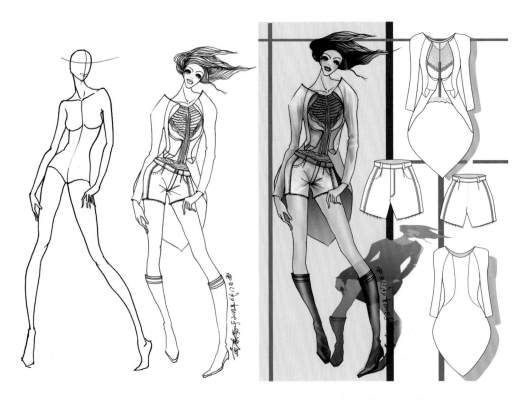

图2-31　从人体到着装到上色服装效果图的步骤过程　（作者：黄春岚）

图2-32　系列服装效果图之一　（作者：谭淑娇）

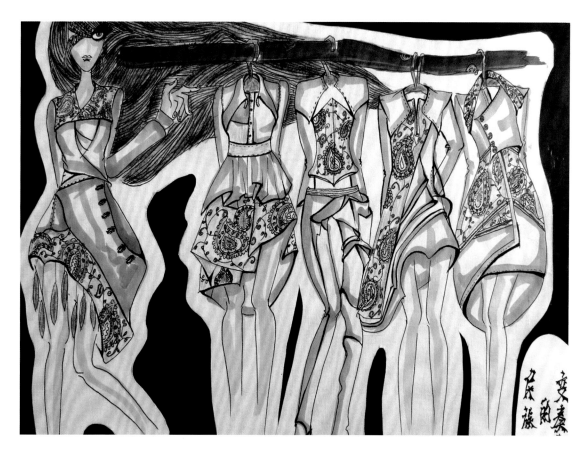

图2-33　系列服装效果图之二　（作者：张容佳）

图2-34 系列服装效果图之三 （作者：胡艳丽、邓琼华）

第四节　服装效果图中的衣纹规律

服装是覆盖人体的主要物，是描绘人物时的重要内容。而描绘服装又离不开对衣纹的描绘，所以衣纹是描绘服装的重要内容。如果不去研究衣纹产生的原因和规律，只凭视觉的直观从表面所见来描绘衣纹，当然也未尝不可，但毕竟不是建立在认识理解的基础上。因此，唯有了解了产生衣纹的原因和规律，才能使描绘的衣纹有了可靠的依据。

一、衣纹的成因

衣纹离不开其载体——服装。服装的剪裁依据不同体型量体裁衣并留出松动余地。穿在身上的服装，内部有人体的高点支撑、低点积聚，外部受外力作用，在内外力的共同作用下，形成了有一定规律的凹凸纹路走势，这就是衣纹。衣纹的产生是由于人的体积和运动，结构越突出的部位衣纹越少，如肩膀、膝盖等处；转折越大的部位衣纹越多，比如腰部、腘部❶等。越贴近肢体的部分衣纹越少；反之越多。衣褶和衣纹的区别在于衣纹是反映服装的面料质感和人体运动状态的，衣褶是服装设计中人为创作的结果，所以衣褶与服装造型和工艺有着直接的关系。

二、衣纹的基本形态

1. 垂纹与牵扯纹

垂纹是罩附在高点上的衣料紧贴着高点表面，显现出高点轮廓实点，在高点边缘的其他布料由于重力作用，向下形成内空的衣纹叫垂纹。

牵扯纹是两个高点间衣料相互扯拉、牵动，高点处无衣纹，而高点间的衣料却因绷紧而牵拉成直线或弧线状的衣纹。形成牵扯的条件一是必须属于紧身（能绷紧在人体上）的服装，二是被绷紧的人体必须有隆起的部分，如紧身裙于骨盆稍下部位，紧身裤的膝盖部位等，都有可能产生牵扯纹。

2. 扭纹与挤压纹

扭纹是衣服受到旋转的外力所形成的衣纹。例如，腰肢的旋转便能产生此类衣纹。

挤压纹是由外力的挤压而产生的皱纹，称为挤纹。服装上原来长度相仿的两边，由于外力的影响，改变为里外圈(使两边不等长)，其中的一边被迫压缩在短于本身的长度内，多余的长度势必出现皱褶，这时就产生了挤纹。服装在受到挤压的地方形成的纹路是最多的，线条近似平行。

3. 飘纹与拉纹

飘纹是人体受风力或空气阻力的作用，背风一面衣料随风飘扬，衣纹一疏一密，显示着气流的方向或人体的运动状态。飘纹常见于面料薄的裙子或上衣随风飘起的状态。

拉纹是由向一个方向（大多是向上）的力所形成。它是因服装重量的阻碍或结构上所遇到的限制，和向某一个方向的力的作用相遇并发生矛盾所形成的衣纹，是为拉纹。受到拉伸紧贴肢体的地方，纹路一般呈放射状，延伸到衣纹平行带。

---

❶ 膝部后面，腿弯曲时形成窝儿的地方。

4. 裤裆纹与堆积纹

裤裆纹是由于裤子的两条裤腿分开而产生的衣纹。

堆积纹是由于服装堆积在一起而产生，它产生的条件是服装开口部位小于人体结构。如裤腿太长，在踝骨部位（裤腿口小于踝骨或脚的尺寸）就产生堆积纹，上衣在腰部也易产生堆积纹（上衣的下摆小于髋骨的尺寸），纹路走向和挤压纹一样。

5. 工艺褶

工艺褶是由于服装款式设计的需要而设计的褶饰。例如，碎褶、细褶、工字褶、荷叶边褶、死褶、活褶、绳带褶等。

另外，画衣纹时还要注意肢体扭转带来的线条变化，此时衣纹是很重要的表现动态的因素。此外，服装宽松、面料质地柔软的衣纹较多；服装贴身、面料较硬的褶皱较少。较薄的面料比较厚的面料形成的衣纹细碎。服装款式也是形成衣纹规律的重要因素。如图2-35、图2-36所示为各种衣纹的表现。

图例欣赏（图2-37～图2-41）

图2-35　各种衣纹表现之一　（作者：黄春岚）

图2-36　各种衣褶表现之二　（作者：黄春岚）

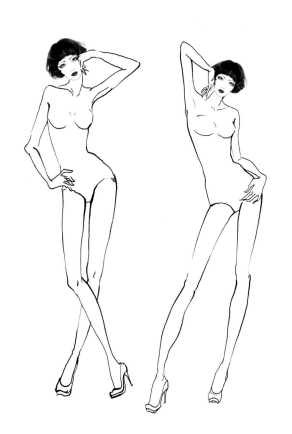

图2-37　常用姿态
人体抬起手臂时注意肩部的曲线变化

图2-38　从人体到着装　（作者：黄春岚）
这是从人体到着装的图，肩部、臀部都是服装的支撑点，人体中心线也是服装的中点，注意透视（近大远小）关系，衣纹注意挤压纹、牵扯纹、绳带褶等。

图2-39　粗细线的表现

这是粗细线的表现，一般暗面的线画粗一些，甚至可以加一些阴影线，注意硬挺服装的线条（线条硬直）与柔软服装（线条弯曲）的线条表现，裘皮的边缘是毛峰状的。

图2-40　春秋装的线条表现　　（作者：胡艳丽）

这幅作品是春秋装，线条干净利索，轻重关系明确，临摹时要注意线条的前后关系，线条要准确地表达人体结构位置关系，体会线条速度感的表达。

图2-41　线条的变化及明暗关系的表现　　（作者：胡艳丽）

第三章　服装绘画的版式设计

服装绘画的魅力因素是指在服装的自身表达之外，可以用来渲染气氛、增加美感和增强作品感染力的因素。在服装效果图创作过程中，这样的因素很多，我们只是选择其中最为重要的三个因素——风格、构图和背景来进行说明。

版式设计是服装绘画的一个重要环节。通过不同的版式设计风格，设计者能够表达出整体设计风格，版式设计讲究美感，每一线条的曲折粗细是否得当，色彩运用是否调和，都会影响观者的情绪和兴趣。好的版式往往先声夺人，借助无声的语言去艺术地表现内容，抓住观者的视线，使观者产生丰富的联想和强烈的美感。版面设计的效果要达到既与众不同，又与设计内容相吻合，关键要抓住三个方面。第一是抓视觉。视觉是人的主要审美感官。版面上每一个具体可感的对象，其背景、色彩、线条等形式因素，都是通过视觉引起人的感受的。第二是找感觉。感觉的因素是可变的，长可以变短，短可以变长，冷可以变热，白可以变红，苦可以变甜。第三是抓趣味。主要是指画面要有趣味性，这是一种活泼性的版面视觉语言，版面设计讲究协调性，也就是关联版面中的构成及色彩等。

第一节　服装绘画风格

一、概念

1. 风格

风格就是指艺术家或作家在创作中表现出来的艺术特色和创作个性，并体现在作品内容和形式的各个要素中。

2. 服装绘画风格

服装绘画风格是指在主题的引导下，设计师表达出自己的个性特色及创作个性，并体现在作品中。风格的确立与成熟与否，是衡量一个创作者的服装绘画水平高低的重要标准。在实际工作中，没有充裕的时间，必须用最擅长的方法去表现，而且要简洁实用。

二、风格形式

1. 草图风格

（1）概念：草图风格服装画大量使用线条，线条随意的涂鸦服装对象。草图风格在瞬间把握服装对象的气势和标志特征，不求形似，通常忽略主体之外的细节，来达到突出神韵的目的。如图3-1所示为法国时尚插画家Antoinette Fleur的作品。画面轻松、随意，有一种涂鸦日记的效果。

（2）特点：生动、轻灵。因为它快捷方便的优点，实际使用非常广泛。草图风格随心所欲的描绘，这是深受设计师喜爱的一种风格，对于记录灵感、发展思维有很好的实际效果，常常是设计的初始和草图

图3-1　草图风格　（作者：Antoinette Fleur）

的前奏。

（3）优缺点：优点是速度快、画面生动；缺点是服装不够细致，细节表现不足。

2. 写意风格

（1）概念：写意风格服装画手法简练，总是描绘出时装人物的基本形态和神韵，其实就是速写式的一种绘画风格。写意画的绝妙之处就是虚实、具体与省略有节奏的巧妙处理，如图3-2所示。

（2）特点：大气、生动、有韵味。

（3）优缺点：优点是大气；缺点是细节表现不够。

3. 写实风格

（1）概念：写实风格的服装画多以事实照片或实物为蓝本，详细刻画与服装和人的气质精神面貌有关的细节特征，甚至微小的结构变化和光影变化都交代清楚。线条细致丰富，用笔用色讲究仿真，不求潇洒。画面真实感强，影调过渡自然，素描关系甚至比真实情况更具代表性，充满理想主义的完美，如图3-3为法国时尚插画家纳比尔·勒兹尔（Nabil Nezzar）的作品，他擅长运用石墨、彩色铅笔和水彩等多种工具。他对光影和轮廓的把握相当到位，经他之手描绘的时髦女郎，从神情到衣饰都如照片般逼真，而水彩与黑白、虚与实的对比又给画面增添了萦绕不去的梦幻飘逸感。

图3-2　写意风格　（临摹美国安娜·科博服装画）

图3-3　写实风格　（作者：Nabil Nezzar）

（2）特点：逼真，人物刻画细腻。

（3）优缺点：优点是画面完美细腻；缺点是效率较低，制作周期长，完成一幅作品要耗费大量时间。

4. 装饰风格

（1）概念：装饰风格是一种图案式的绘画风格，是按照美的规律进行变形的绘画，装饰风格的表现主观意识强，如图3-4所示为瑞典时尚插画家丽斯罗特·沃特金（Lis- elotte Watkins）的作品，她的作品喜欢在人物上画上华丽的装饰图案，把各种潮流元素、色彩、图案都极尽所能巧妙地融合在一起，线条轮廓明了，色彩鲜艳明亮，富有层次感且装饰性强。

（2）特点：变形、夸张、装饰美。

（3）优缺点：优点是创意性强，画面有装饰的美感；缺点是服装的真实性不够。因为服装太概括，细节很少或者装饰手法较多，而使得服装真实感不强。

图3-4 装饰风格 （作者：Liselotte Watkins）

5. 漫画风格

（1）概念：漫画风格服装画主要分为冷峻、可爱和搞笑三种不同的表现形式。无论用线、用色还是造型、构图，不同的作者有迥然不同的表达，难以一一归类。卡通风格的"不守规则"成为其最统一的规则，如图3-5所示为中国时尚插画家张小溪（Nancy Zhang）的作品，清新的漫画风格带你进入她的童话世界，画中的人物时而乖巧可爱，时而古怪活泼，时而温婉动人。

（2）特点：服装画特别要求的比例感、节奏感都被无情地抛弃，代之以创作者的个人情感和爱好。漫画风格是从漫画中汲取营养，画面比较适合儿童及少男少女服装的表现。

6. 哥特风格

（1）概念：哥特文学是对人类自身较黑色阴暗面的展示，也是对当时社会正统思维模式的一种挑战，

图3-5　漫画风格　（作者：Nancy Zhang）

是一种恐怖、神秘色彩的混合体；哥特小说中比较典型的角色是吸血鬼 。哥特风格仿佛与新浪漫风格个性相反的孪生兄弟，是华美艳丽背后黑暗病态的一面，如图3-6所示为洛杉矶时尚插画家康妮·林姆（Connie Lim）扑克牌系列的作品，作品一般运用红黑两色来营造时尚、个性、颓废、诱惑、神秘的美感。

（2）特点：黑暗的恐惧、死亡的悲伤、禁忌的爱、彻底的痛苦带来的美感，简而言之，是人类精神世界中的黑暗面。在整个浪漫主义运动中哥特开始被认为和黑暗、奇异、鬼魅等相关联，适合做插画。

7. 怪异风格

（1）概念：怪异风格多以变形的手法突出个性，不惜放弃对服装和人物的合理描绘，追求怪异的、突破常规的视觉画面，特别新奇气氛的营造及绘画者情绪的宣泄，充满思想和情感之美，如图3-7所示为香港时尚插画家约翰·吴（John Woo）以Star Wars为主题的作品《He Wears It》，人物形象怪异但极具视觉冲击力。

（2）特点：新异。怪异风格用突破常理的概念表达个性，沟通性差，需要具有相同认识的接受者的共鸣。

8. 夸张风格

（1）概念：夸张风格的服装画是抓住设计的主题，对某些部分进行夸张和强调。常用放大、缩小、增加、删减、变形等表现手法。服装画的夸张可以从颜色、人体造型、服装造型等方面进行，如图3-8所示为芬兰劳拉·莱恩（Laura Laine）的作品，夸张了人体及头发，画面繁、简、大、小的变化使形式美感增强。

（2）特点：这样的服装画风格往往一目了然，具有很强的感染力，很容易引起人们的共鸣。在服装效果图中运用夸张比较普遍。最为多见的是对人体进行夸张，加大人体腿部的比例，使服装具有视觉美感。

图3-6　哥特风格　（作者：Connie Lim）

图3-7　怪异风格　（作者：John Woo）

图3-8　夸张风格　（作者：Laura Laine）

9. 繁复风格

（1）概念：繁复风格服装画主要是画面比较复杂，利用画面的复杂元素进行梳理，使画面形成一定的秩序，从而使画面产生韵律美。繁复风格一般比较华丽，表现宫廷感的服装比较适合。如图3-9所示为古珊妮（Sunny Gu）的作品，作品细节表现得非常详尽繁复。

（2）特点：繁复风格造型繁复，色彩强烈而且丰富，装饰性炫耀性强。画面往往追求华丽、炫耀、夸张、花俏，在服装的表现上重视装饰性远多过其实用性，具有很强的表现力和视觉冲击力。

图3-9　繁复风格　（作者：Sunny Gu）

10. 蒙太奇风格

（1）概念：（法语：Montage）是音译的外来语，原为建筑学术语，意为构成、装配，经常用于艺术领域，解释为人为地拼贴剪辑手法；蒙太奇一般包括画面剪辑和画面合成两方面，画面剪辑是由许多画面或图样并列或叠化而成的一个统一图画作品，画面合成是制作这种组合方式的艺术或过程。如图3-10所示为摄影师安德鲁·爱娃斯基（An–drew Ivaskiv）与插画家朱莉娅·斯勒文斯卡（Julia Slavinska）联手完成的作品，在拍摄模特裸体的基础上，以手绘的方式为模特穿上迪奥（Dior）、纪梵希（Givenchy）、麦克奎恩（McQueen）等优雅的时装，视觉效果唯美且有趣；图3-11为普林斯·劳德（Prince Lauder）的作品，画

图3-10　蒙太奇风格之一　（作者：An – drew Ivaskiv、Julia Slavinska）

图3-11　蒙太奇风格之二　（作者：Prince Lauder）

面根据形式美法则组合画报产生出新的形象及涵义，从而增强画面的有趣性。

（2）特点：蒙太奇可以使画面的剪辑产生新的意义，丰富了画面艺术的表现力，增强画面的感染力。

第二节　服装效果图的构图形式

一、构图的概念

白纸上第一笔就是构图的开始，构图是指形象或符号对空间占有的状况。

绘画是一种形象语言，表述形象语言的过程可归结于构图。构图体现构思，构思决定构图，不断转换，完善视觉效果。绘画构图学是研究绘画构图规律、法则和技巧的一门学科。任务是研究绘画的形式语言和表现内容、画家情感传达与方法手段的实现及其形式美的规律。涉及理论有技法、色彩、视觉心理、美学等。

1. 构图的含义

"构图"一词源于拉丁语，原义：通过结构组合以联结画面的不同部分并形成一个统一体。

《辞海》中这样解释"构图"："艺术家为了表现作品的主题思想和美感效果，在一定的空间，安排和处理人、物关系位置，把个别或局部形象组成艺术的整体。"

构图就是根据作画者的意图，对画面的各种形式语言即布局、形态、比例、空间、色块、体积、线条等在有限的平面上进行结构经营的技巧。包含范围、位置、骨架三大要素。构图和构成既有共同之处，又有很大的差异。构成的概念形成于1913~1917年，是俄罗斯的塔特林首先提出的。构成是现代艺术的流派之一。指具体形态抽取之后的点、线、面、形、色、体等基本视觉要素的有机组合，直观、抽象地表现其内心的世界。多用于工艺美术和一些抽象绘画上，主要是纯形式语言的画面构建。构图是绘画作品中各种艺术语言整体的组织方式（把自然界具体形态和形象，提炼、加工、组织、安排在画面中）；是形象相互联结关系及形式的总体结构；是揭示形象典型特征的方法；是表现思想与意境的手段；是形式美的集中体现；是形象思维与抽象思维的结果；是揭示形象的全部手段的总和。

构图形式规律是客观生活的反映，不能离开自然界的客观规律。构图既需要符合人们生活的规律，又需要符合人们的心理要求。在此基础上，找到其内在的形式特点，通过艺术处理使之更强烈、更集中、更富有感染力。

总之，构图既是绘画艺术技巧的一个组成部分，又是创作过程中的一个环节，更是将作品各个部分组成一个整体的一种形式。构图的形态更服从作品内容和作者内心感受，并根据构图形式美的法则来决定。

2. 构图理论的渊源

一千多年前，东晋时顾恺之《画评》："若以临见妙裁。寻其置陈布势，是达画之变也"。"置陈布势"（位置、陈列、布局、气势）之说是中国最早的绘画构图理论。

南齐谢赫《古画品录》形成绘画创作与美学批评准则"六法"论，"经营位置"成为千古之一法。要求把构图和笔墨等其他形式要素组合，共同实现"气韵生动"的境界。

唐代张彦远《论画六法》把构图提为"面之总要"（如同文章纲要）。

南北朝宗炳《山水序》、五代荆浩《仙水诀》、宋代郭熙《林泉高致》等画论著作对构图理论均有涉及。

元代以后，画论中对取舍、宾主、气势、呼应、虚实、疏密、参差、开合等构图经验也不断有所总结和扩展。如饶自然在《绘宗十二忌》中指出了一系列构图处理的弊病：布置边塞、山无气脉、石止一面、境无夷险等。

到清代，构图的理论已十分丰富，形成"定位分疆，变异奇险，游移空间，活眼虚灵，装饰色彩，分合聚散，款题用印"等极具民间特点的构图模式。

我国自20世纪初引进欧洲绘画构图理论，开始从新的角度和方法来研究构图。

3. 构图的任务

构图的目的是用特定的绘画手段，充分表达、阐述和提示作品的主题。

构图的思想基础是唯物辩证法。

构图的任务是形成完美的形式语言，结构的组合，骨架气势，形、色位置，视觉空间，画面中心。造成主要形象突出、多样又条理、变化又和谐、具有形式美感，充分表达出画家的思想和情感的效果。

二、构思与构图的关系

构图的两大要素，即立意与为象。"必先立意，然后章法是也"。

构思是立意为象的形象思维过程。构思与构图、立意与章法是辩证关系，互相依存、互为条件。单凭抽象的思维无法进入创作活动，必借助于形式美的规律进行结构经营。构思起始于对生活的积累和捕捉。构图随着构思的展开而展开；构思随着构图的进行不断深化，螺旋式上升。

构图过程是探索、体现构思的具体表现形式的过程。既包含对生活的体验、分析和提炼，也包含依据构图法则，运用造型、明暗、色彩、线条等形式语言，表现主题的过程。它是思想、创意和表现的统一体。

三、构图的基本法则

美术作品中的一切，都应当从属于基本内容的表达。

美术作品中的一切形式因素，都应当相互保持联系。

作品应当通过构图，形成一个吸引观众最大注意力的视觉中心。

一个画面的构图结构，应是既有变化又有统一的整体。

四、服装效果图的构图形式

1. 单人模特的构图

将画面的视觉兴趣点加以突出。强调人物造型的动态变化，产生一种宁静的运动感和动势。单人构图是时装画实际创作中比较普遍的形式，自由洒脱，限制极少，能够很好地表现出单个服装主体"我"的特点和"唯我独尊"的气概，如图3-12所示。

单人构图的具体形式有：服装对象处于画面绝对中心位置的单人中心式构图；服装对象处于画面对角线上，最大限度地使用纸面的长度的单人倾斜式构图；服装对象处于画面的1/2区域内，留出一半甚至以上的空间的单人半景式构图；服装对象处于一个或其他比较规整的图形中的单人适合式构图，等等。

2. 两个模特的构图

两人构图是进行搭配设计时比较普遍的构图形式。双人构图时要注意两个人之间的呼应关系，这种关系一般是通过面部的向背、表情的呼应、手臂的关联、体态的穿插以及人物的大小、画面的向心性等因素来体现的。

　　两人构图的具体形式有：两个人形态接近，关联较小，没有主次，气氛和形式处于均衡状态的双人平衡式构图；两个人动作一致或相反，具有巧合性和趣味性，气氛和形式稳重端庄的双人对称式构图；两个人关联密切，态度亲密，肢体接触多，气氛和形式活泼的双人穿插式构图；两个人关联明显，主体动态变化大，保持距离但仍是一个难以分割的整体，或具有情节性的双人呼应式构图，等等。

　　常用的方法是将两个人物的造型、动态或其他方面有效地联系起来置于画面形式趣味中心。另一种是直截了当地说明和表现出描绘对象的衣着特征及款式结构特征，常用一正一侧、一背一侧、两侧、一站一坐、一上一下等方法。站立：一个正面，另一个为侧面、斜侧面或背面；站坐组合：坐姿为主、站姿为辅，等等，如图3-13、图3-14所示。

图3-12　单人构图　（作者：黄春岚）

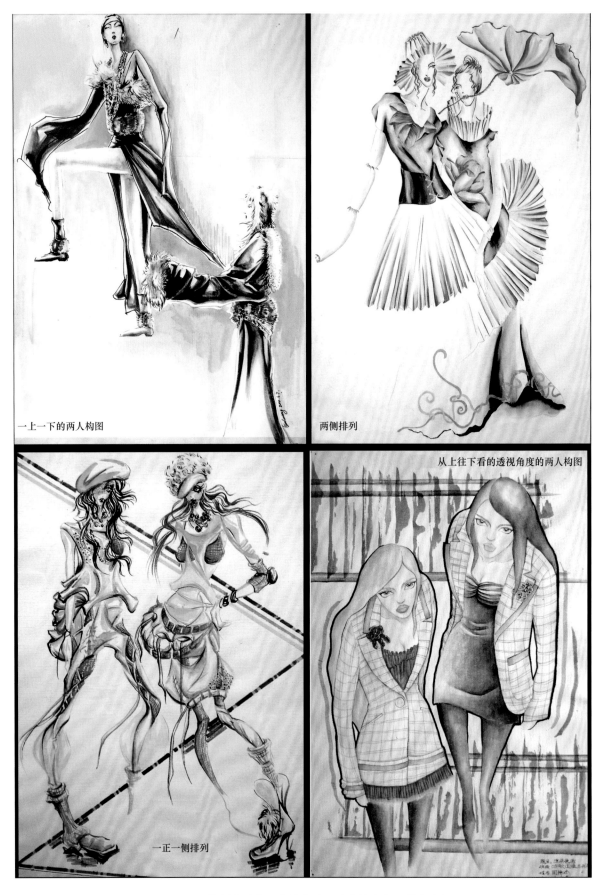

一上一下的两人构图

两侧排列

从上往下看的透视角度的两人构图

一正一侧排列

图3-13　两人构图的时装画获奖作品　（指导老师：黄春岚）

图3-14　两人构图　　（作者：刘祥）

3. 三人组合构图

两人组合为主，另一人为辅；在款式上可着重突出其中一人。三人之间姿态既要有变化又要有统一，如图3-15所示。

图3-15 三人构图 （学生作品 指导老师：黄春岚）

4. 服装效果图多人系列的构图形式

多人构图容易出现的问题是画面结构松散、凌乱，人物"各自为政"。要注意运用合理的处理方法使画面产生一定的层次感、空间感和秩序感。

（1）齐排式：图像充满整个版面，主要以图像为诉求，视觉传达直观而强烈。将设计的款式及所表现的形象，不分主次，全部均匀地排列出来。具有一定的规矩，整齐、清晰，适合时装流行预测和时装艺术广告画与插图，构图以左右、上下或斜势排列整齐，以个体形象进行变化，突破其呆板的格局。特点：庄重、气势宏大；缺点：呆板，容易引起琐碎感，要有一个较为主要的视觉区域，如图3-16所示。

图3-16　齐排式构图　（作者：黄春岚）

（2）错位式：将整体排列打散，进行高低、左右的错位排列。特点：整齐中有变化，适合多种形式的时装设计构图，如图3-17所示。

（3）残缺式：将一部分形象有意进行破坏，产生一种不平衡、不完整的感觉，适合于时装艺术广告画与插图，需从整体考虑构图的完美性。有时表现为偏移，即将主体往画面次要部位转移，如图3-18所示。

（4）主体式：适合时装艺术广告画与插图、效果图。特点：主体突出，读者极易捕捉服装效果图的主题，但同时要兼顾次要部位。主与从的对比十分明显，戏剧中的主角，人人一看便知。版面中若也能表现出何者为主角，会使读者更加了解内容。所以，要有主从关系是设计配置的基本条件。大小的对比为造型要素中最受重视的一项，几乎可以决定意象与调和的关系。大小差别小，给人的感觉沉着、温和；大小

图3-17 错位式构图 （作者：张艺茗 上官施施）

图3-18 残缺式构图 （作者：李雪）

的差别大，给人的感觉较鲜明，而且具有强力感，如图3-19所示。

（5）导线式：依眼睛所视或物体所指的方向，使版面产生导引路线，称为导线。设计家在制作构图时，常利用导线使整体画面更引人注目，如图3-20所示。

（6）留白式：在设计用纸上，图文所使用的排版面积称为版面，而版面和整页面积的比例称为版面率。空白的多寡对版面的印象，有决定性的影响。如果空白部分加多，就会使格调提高，且稳定版面；空白较少，就会给人活泼的感觉。若设计信息量很丰富时，采用较多的空白，显然就不适合。空间预留太多或加上太多造型要素时，容易使画面产生混乱。要调和这种现象，最好加上一些共通的造型要素，使画面产生共通的格调，具有整体统一与调和的感觉。反复使用同形的事物，能使版面产生调和感，如图3-21所示。

（7）阴阳式：阴阳式就是图与地的反转关系，明暗逆转时，图与地的关系就会互相变换。明暗的对比有阴与阳、正与反、昼与夜等，如图3-22、图3-23所示。

图3-19 主体式构图 （作者：张伟良、郑建文）

镂空材料

多层纱透叠

皮质面料折叠

图3-20 导线式构图 （作者：杨梓、样锋）

图3-21　留白式构图　（作者：黄春岚）

图3-22　阴阳式构图之一　（作者：贺苏　指导老师：黄春岚）

图3-23　阴阳式构图之二　（作者：段祥风、叶芳）

（8）中轴式：将图形作水平方向或垂直方面的排列，图像以上下或左右配置。水平排列的版面给人稳定、安静、和平与含蓄之感。垂直排列的版面给人强烈的动感。垂直线的活动感，正好和水平线相反，垂直线表示向上伸展的活动力，具有坚硬和理智的意象，使版面显得冷静又鲜明。如果不合理的强调垂直性，就会变得冷漠僵硬，使人难以接近。将垂直线和水平线作对比的处理，可以使两者的性质更生动，不但使画面产生紧凑感，也能避免冷漠僵硬的情况产生，相互取长补短，使版面更完美，如图3-24所示。

图3-24　中轴式构图　（作者：黄春岚）

（9）上下分割式：把整个版面分成上下两部分，在上半部或下半部配置图片，另一部分则配置文案。配置有图片的部分感性而具活力，而文案部分则理性而静止。上下分割式构图的图片可以是一幅或多幅，如图3-25所示。

（10）左右分割式：把整个版面分割为左右两部分，分别在左或右配置文案，如图3-26、图3-27所示。

图3-25　上下分割式构图　（作者：徐望）

图3-26　左右分割式构图之一　（作者：王芝婷）

图3-27　左右分割式构图之二　（作者：杨楠）

第三节　服装效果图背景处理

　　服装效果图的形式与内容是不可分割的有机整体，从这种意义上看，服装效果图中服装和人体是最主要的，而背景和环境的描绘虽然花费了设计师一定的精力，但在烘托主题和渲染气氛，表现服装穿着的时间、场合、活动背景和生活格调、穿着品位方面，其作用还是巨大的。时装画完美和谐的标准，是将服装与人形成的整体美和环境的协调性统一成为一体。背景和环境的描绘，要做到手法相似，层次整齐，既统一又有变化，以免表现不充分或喧宾夺主。

一、投影法

　　投影法是在背光面加深一笔。也可以从深到浅渲染开，受光面也可渲点不规则的灰色。利用电脑画投影直接点投影便可产生投影效果，如图3-28所示。

二、透色法

　　透色法是先刷背景，然后作画，可使背景穿过服装，有一种水乳交融的效果，注意背景色要与服装色协调，如图3-29所示。

主题说明：
本作品灵感来源于20世纪50年代伦敦和21世纪20年代的巴黎，生活融入了传统和浪漫主义色彩，回顾了20世纪的潮流

2010服装设计7班　　吴煜　张佳佳

图3-28　投影法背景　　（作者：吴煜、张佳佳）

图3-29　透色法背景

三、写实法

写实法是指背景用很逼真的形式来表现，具有完整的形状和细致的图像，这种方法能形象地体现服装的环境或是灵感，可以拍照直接用PS电脑软件处理，非常方便实用，当然也可以手绘，手绘的东西让人觉得作品有灵气，如图3-30、图3-31所示。

图3-30　写实法背景之一　（作者：蒋全瑶）

四、构成法

构成法就是将点、线、面的形式综合运用，简洁、方便、有现代感，如图3-32所示。

五、残缺法

残缺法就是把背景处理得不完整，而导致一种自然的残缺效果。例如，把纸的边缘用火烧出不规则形，如图3-33所示。

六、洁净法

洁净法，画面不作任何处理，没有丝毫杂质，达到纯净的极致。服装主体因强烈对比突出，如图3-34所示。

图3-31 写实法背景之二 （作者：邵伟）

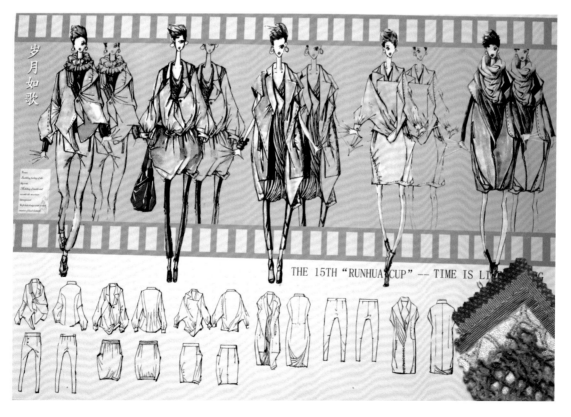

图3-32 构成式背景 （作者：叶芳、覃心）

图3-33 残缺法背景 （作者：蒋全瑶）

图3-34 洁净式背景 （作者：刘文华）

七、边缘法

在画面的边缘部分加强图案，中心洁净，可以使主题更加突出，如图3-35所示。

图3-35　边缘法背景　（作者：庞绍静）

八、满地法

最简单的是单色背景,简洁大气,类似于使用有色底纹纸。也有在满地的背景中制造各种肌理来追求丰富的效果。还有使用完整底图或图片、色块拼接使画面统一在一个调子里,如图3-36所示。

九、窗式法

窗式法指背景中有一个相对的色块或边框,通过改造其形状、色调、底纹等获得复杂的变化形式。服装主体置于窗式背景之前,形成主体的内外或扶持的感觉,如同依窗而立或破窗而出,增加了画面的空间和层次感,如图3-37所示。

十、款式图装饰法

款式图装饰法背景是运用款式图来丰富画面的一种方法,很自然地运用在画面中,且款式图能更加详细的表达款式细节,如图3-38、图3-39所示。

图3-36　满地法背景　（作者：蒋妍）

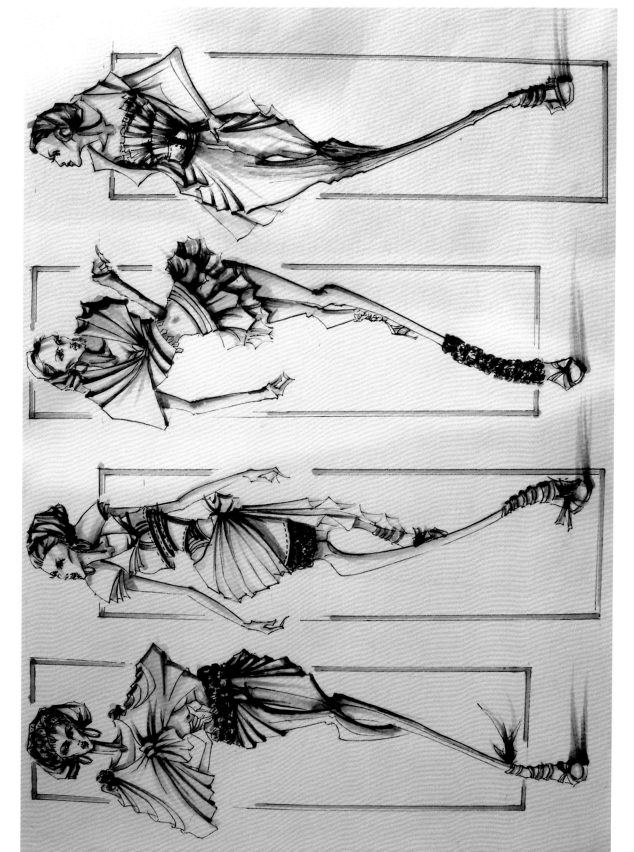

图3-37　窗式法背景　（作者：黄伟）

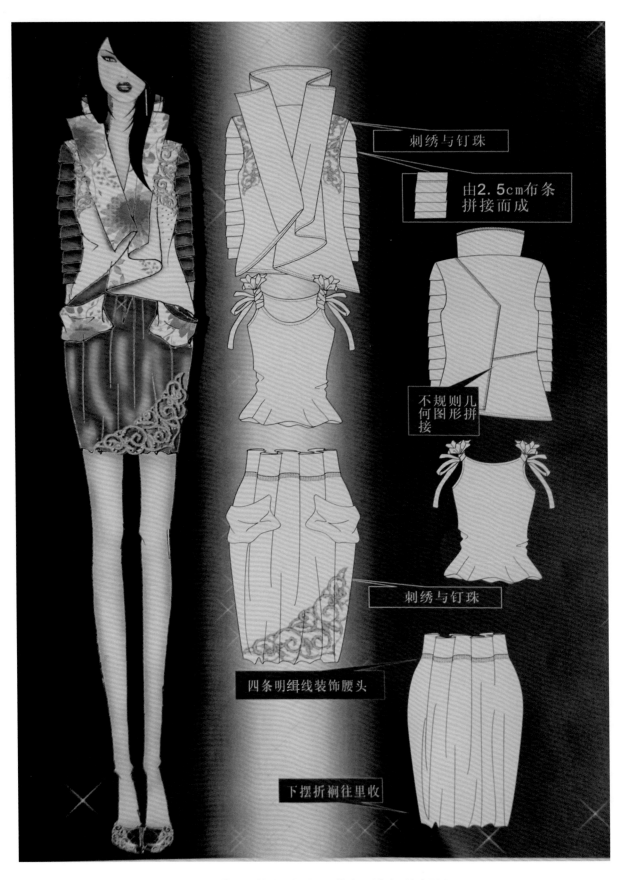

刺绣与钉珠

由2.5cm布条
拼接而成

不规则几
何图形拼
接

刺绣与钉珠

四条明缉线装饰腰头

下摆折裥往里收

图3-38　款式图装饰法背景　（作者：周霞、许有凤）

十一、主题法

主题法是指直接把灵感来源画在背景中的一种形式，一般以图案或是绘画的形式出现来表达与主题相关的内容，如图3-39所示。

图3-39　主题法背景　　（作者：汪茜）

第四章 服装效果图的表现技法

如图4-1、图4-2所示为本章节所用工具。

1—水彩颜料　2—油性彩色铅笔
3—水溶性彩铅　4—炭精条与炭笔
5—色粉笔　6—水溶性马克笔
7—油画棒　8—水粉颜料　9—广告色颜料
10—羊皮卡　11—布纹纸　12—水彩纸

图4-1　绘画工具介绍

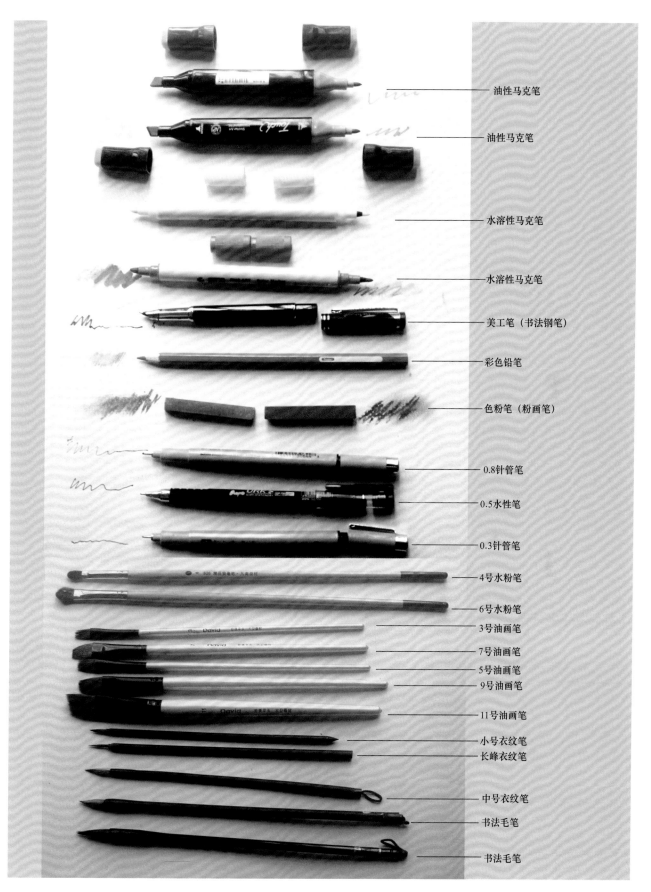

油性马克笔

油性马克笔

水溶性马克笔

水溶性马克笔

美工笔（书法钢笔）

彩色铅笔

色粉笔（粉画笔）

0.8针管笔

0.5水性笔

0.3针管笔

4号水粉笔

6号水粉笔

3号油画笔

7号油画笔

5号油画笔

9号油画笔

11号油画笔

小号衣纹笔

长峰衣纹笔

中号衣纹笔

书法毛笔

书法毛笔

图4-2　绘画笔类介绍

第一节　黑白灰表现法

对黑白灰的了解是画服装效果图的关键，也是画服装效果图的基础。

一、概念

黑白灰表现法就是指运用黑白灰的色调来表现服装效果的一种技法。

二、特点

运用不同的灰色调来表现，黑白分明，层次清晰，有一种单纯的美感。

三、材料与工具

运用铅笔、炭笔、钢笔、墨水、黑色颜料等。

四、表现技法

表现技法是多样的，用铅笔、炭笔就可以用排笔法、涂抹法；用黑色颜料可以用渲染法、笔触法等。

单色服装效果图可以明显地看到人体素描中的黑白灰关系，关键是要注意光线来源、明暗的整体关系、虚实的表达。一般色彩较深的部位是头发、服装在人体上的投影，头部在颈部的投影、腋下、关节等部位。

如图4-3所示，这两幅作品都是临摹芬兰大师劳拉·莱恩（Laura Laine）的作品，左图主要运用了毛笔

(a) 作者：刘炎—临摹Laura Laine的作品　　　　(b) 作者：汪茜—临摹Laura Laine的作品

图4-3　黑白灰表现技法之一

与黑色颜料来表现，技法运用的是平涂、渲染与撇丝；右图主要运用的是炭笔，运用排线法与涂抹法来表现，层次分明。这两幅画虽然工具与表现手法不一样，但都是用黑白灰的表现形式，所以感觉类似。如图4-4所示，笔法流畅，动态优美，技法在图中已作说明。

这幅作品主要运用的是渲染法。

这幅作品是用毛笔工具，笔触法画服装，撇丝法画头发

作者：黄春岚

作者：兰利

图4-4　黑白灰表现技法之二

第二节　水彩技法表现

水彩素有"色彩皇后"的美称，它的色彩变化丰富、自然、灵秀。

一、概念

水彩色画法是以水彩颜色对服装的色彩面料、造型进行表现的技法。水彩画是色彩绘画的一种表现，以水作为辅助色，调和透明的颜色在纸上绘画，采用留白及渗透的绘画方式。水彩色一般要求质地结实、洁白、吸水适中的纸张。水彩画一般用水彩纸、布纹纸。

二、特点

晶莹、透明、清雅、洁丽，水彩色可混调、可透叠，可平涂、可晕染，常用来表现春夏季较薄衣料或轻盈而柔软的纱质衣料。

三、用笔方法

如图4-5所示的用笔方法：

点：圆点、瓜子点。

线：用笔尖勾细线，用中锋勾粗线。

涂：笔在纸上左右或上下移动，形成大小不一的色块。

刷：用底纹笔刷大面积底色。

揉：用笔在纸上画连续上下或左右的笔触。

洗：用水在原来的画面中洗出次高光的画法。

拖：画完大笔触后拖出一条尾巴的画法。

扫：用干的颜色皴擦，产生一种枯笔效果。

擦：利用纸纹擦出纸的纹理效果。

撇：撇出三角状的笔触。

画水彩须非常讲究用笔，不能像画水粉或画油画一样画不到位可以重新覆盖。而水彩效果给人一种自然美感，而且水彩特别讲究"留白"，怎样"留白"就关系到如何运笔了，如图4-6所示。

1. 运笔角度

中锋适合画线，画出的线饱满、挺拔、圆浑；侧锋适合画块面，铺大调或塑造形体都可。侧锋的变化多样，如果笔根部和笔尖部若蘸的色彩不一样，一笔下去便能产生丰富的色彩变化；若笔尖部分随物象清晰结构处下笔运行，而笔根部分随即带

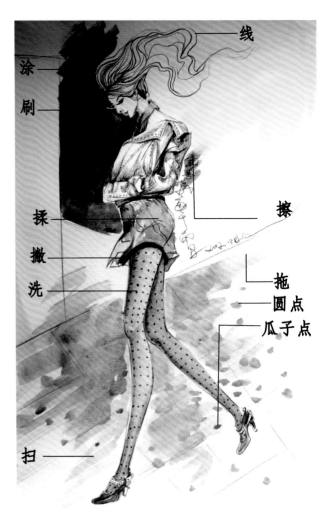

图4-5　用笔方法　（作者：黄春岚）

过，还可形成逐渐虚过去的中间层次。

2. 运笔方向

运笔方向要根据表现对象的具体要求而定。例如，运笔方向要与人体结构、动态一致，这样有助于塑造着装人物的体积、空间与气氛。运笔方向要与服饰结构、衣褶方向一致，有助于更好地表现衣纹、面料质感及服装款式。有变化的笔触可以增加画面的节奏感。

3. 运笔的力度与速度

水彩画的用笔力度重，适合表现厚重的呢料；力度轻，适合表现薄质面料。在用笔速度上，慢时有浑厚、稳重的效果，快时有流畅、飘逸的效果。但要注意，用笔太快容易把握不好形，很容易产生轻飘感。如果在粗纹纸上用笔速度快，很容易产生大量的飞白。

四、水彩技法分析

1. 水分含量方面

（1）笔中颜色多而水少，色彩感觉饱满有力，但易腻而不透明，适合做画面最后的造型塑造。笔中颜色少而水多，色彩感觉淡雅透明，但易造成画苍白无力感，适合第一次的铺色效果或模特肤色的画法。

（2）笔中颜色多而水也多，可以通过对水分的控制而获得一种自然、含蓄的韵味，产生一种柔和迷惘的情调。

（3）笔中颜色少而水也少，可以通过特殊技法来表现一些特殊面料质感。

（4）粗糙的纸比光滑的纸含水量要大，干燥天气比湿润天气在绘画时用水量要大。

图4-6 "留白"用笔方法 （作者：黄春岚）

2. 色含量方面

水彩画浅色（亮色）时可以靠白纸的透色显亮和靠水冲淡来画亮色。用色时应该始终记得画面效果是透明、清新、畅快、生动的。画面容易产生"灰""脏"色的原因：反复覆盖、涂抹，重复次数较多，直接使用了不加调混的颜色，与周围色彩关系对比不当，这些都会使艳色显脏而不透明。

3. 运笔方面

画水彩须非常讲究用笔，不能像画水粉或画油画一样画不到位可以重新覆盖。而水彩效果给人一种自然美感，而且水彩特别讲究"留白"，怎样"留白"就关系到如何运笔了。

五、水彩技法的表现

1. 水彩渲染技法

渲染法是从中国画的工笔画中汲取营养而得来。渲染法是在线条的一侧，趁颜色未干，立即用另一支干净的清水笔，将颜色渲染、晕化，使之由深至浅、色彩渐变。渲染是中国画的传统画法。其关键在于洗晕染化，中国画在花鸟、山水、人物画中都非常注重此法的运用。在渲染时，运笔的方向、轻重，水分的把握，时间的快慢都十分关键。既要使色彩形成深浅浓淡的变化，又要使之柔和均匀；不仅要富于画面节奏感，而且要注重整体的和谐。

水彩颜色的浓淡不能像水粉那样用白色去调节，而是通过调节加水量的多少来控制，否则就失去了水彩渲染的透明感。水彩渲染的着色顺序是先浅后深，逐渐加暗。水彩颜料调和时，同时混入的颜料种类不能太多，以防画面污浊。

2. 水彩笔触法

笔触法一般是由深到浅，先画暗面再逐步画到亮面笔触方向与衣纹一致；然后再一步一步加深，笔触较明显。强调笔触效果是时装画中常见的一种表现手法，生动的笔触使画面活泼、流畅。利用笔触的特点表现服装时要有塑造的意识，用笔触的宽窄、大小，下笔轻重及方向都是服装塑造的表现手法，有力而恰当的笔触会增加服装整体的表现力的美感。具体的用笔及笔触的摆放通常是结合服装和人体结构的关系来表现的。同时，还要考虑不同服装颜色的深浅和质感差别等因素。干画法是指前一遍色彩干透后，再进行多次重叠与覆盖的作画方法。干画法在行笔运色过程中笔触与水迹明显，不需要水色衔接，运用色块和色块之间的衔接塑造形象。用笔干脆利落，边线分明，是干画法的一种技巧。

运用水彩笔触法时，须控制加色的时间，在第一层色完全没干时加色可以产生晕染效果；如果要塑造形体，必须第一层色干了之后再上第二层色，否则干湿不均，会产生"花"的效果。另外，画完第二遍色后水分不可太多，速度也不可太慢，以免泛起底色颜色。加色时色彩不宜太厚，次数不可太多，太厚或加色次数太多，颜色会不透明。

3. 水彩湿画法

水彩湿画法是底色还没干，上第二种色产生渗化效果。湿画法有两种，第一种是湿纸画法，也就是先把纸打湿再画；第二种是趁湿连接，这样无明显笔触。湿画法是在湿润的纸上或尚未干透的色层上再上一遍色彩的作画方法。画面的色彩在未干时相互流动，形成水色交融、湿润柔和的效果。湿画法的艺术魅力更具有水彩的特性，适宜表现空灵朦胧、柔光倒影的意境，表现画面的大色调及远景、虚景时湿画法最能胜任。但纸面的干湿度直接影响形象的塑造，过湿容易渗开而无形，过干会产生色迹和笔触。掌握湿度，何时何处需要再着色，是作画中的要点，只有在实验中反复尝试，才能够掌握湿画技法，才能更好地控制画面的形，否则容易产生轻飘无力的弊病。

（1）湿重叠法：是将笔毫饱含水分，在前一遍未干时着色，形成色与色自然渗透，融为一体。掌握时间和水分是表现色彩过渡的关键，后一遍颜色的含水量必须少于前一块色彩，尤其是以淡破浓的方法更要注意。

（2）破色法：即在前一遍颜色未干时，将含水较多的淡或浓的颜色冲破第一遍色。这种方法也称以淡破浓或以浓破淡，形成生动自然的效果。

（3）流滴法：是指色与色之间的渗接，让含水量相同的颜色在画面上自然流动，使颜色相互浸润、渗透，然后让色彩任意流滴的方法。

（4）晕染法：是利用湿的画面进行渲染，将颜色从深到浅，从明到暗地自然过渡。

适宜于形体明暗交界部的塑造，使色彩产生渐变效果。

（5）沉淀法：可以分为颜料颗粒沉淀和纸纹的沉淀。通常，矿物颜料，如赭石、普蓝调和后，水分较多的话画面上着色会形成沉淀的颗粒。有些克数较重的水彩纸（或卡纸）浸湿后，无论用哪种颜色都会产生沉淀颗粒，使画面颗粒肌理自然而又生动。

4. 水彩干湿结合法

干画法与湿画法结合的一种画法，注意先湿后干，远湿近干，虚湿实干，软湿硬干，如图4-7所示。

图4-7　水彩干湿结合法　（作者：黄春岚）

5. 水彩留白法

水彩纸本身是白色，留白是利用纸的白色表现光感效果的一种手法。留白法是水彩画中常用的技法，不同于油画、水粉画，可以用白粉提亮。水彩画在画高光或浅色上，需要留出明确的位置，利用白色纸本身的亮度，调整画面在结构和色彩布局上所需要的亮度，这是水彩画独有的特点。留白法是深色对浅色形状限制留空时对亮光的处理，使高光虚实相间，自然过渡而柔和自然。在阳光直接照射的部位，可先留出受光部分，待完成其他部分后再进行浅色塑造，色彩明度容易控制。

六、水彩画的肌理

表现不同物体质感的肌理效果，是水彩画的特殊技法之一，其目的是提高水彩画的表现力。艺术创作所用的材料本身所表现出的优势应被视作获取外观结构和质感的一种方法，然而，质感和画面处理是一幅水彩画重要的组成部分，可以使画面丰富多彩。所以，肌理的反复实验是掌握水彩画技能的基本训练方法，利用肌理的可变因素，丰富作品的视觉感染力，又是研究肌理的有效途径。肌理是由颜料或各种相关工具材料通过各种不同的手段而形成的各种不同的画面效果，这种制作方法通常指用笔以外的工具帮助完成的特殊手段。我们将水彩画中形成的各种肌理方法归纳为两类：一种是运用工具在画面上产生的特殊效果，称之为工具肌理；另一种是其他材料与水彩颜料的混合产生的肌理效果，称之为材料肌理。

1. 工具肌理

（1）压印法：用海绵局部洗涤，减弱色度，修正形体，调整画面，使其统一。还可以使用在潮湿纸面上用纸卷、毛巾、白棉纸擦抹出图案，调淡颜色；或在干爽纸面上，用砂纸轻磨纸面，丰富画面的颗料肌理。另外，还可用滚筒向不同方向推压，产生深浅浓淡的效果。

（2）刀刮法：用刀片刮出各种不同的痕迹，或用笔杆头代用刮具，表现出飞白或深色的线条。

（3）牙刷喷溅法：用牙刷、猪鬃刷进行点画、溅泼、吸提、擦净的方法表现出质感不同的肌理。

（4）阻染法：用蜡笔、油画棒、遮蔽液可以起到留出亮色的作用，既可以留白，又可以造成斑驳的肌理效果。

2. 材料肌理

（1）撒盐法：在水中加盐（矾），产生各种不同的肌理效果。也可以在湿画面上撒入盐，干后则产生雪花的效果。

（2）喷雾法：用喷壶、喷枪，在湿纸面上喷清水，都会产生饶有趣味的画面效果。

（3）搓揉法：即将画纸揉伤，涂上较深的颜色，纸面上的揉伤程度不同，吸色的深浅也不同，使画面产生各种自然的纹理效果。纸面干燥后将这些特殊效果加以利用，能产生特有的斑驳的肌理。

（4）湿印：即根据画面的需要，采用拖压的方法，使颜色在画面上压印、湿印，可以表现出丰富细腻的肌理效果，可以多次重叠压印，然后因势利导，再适当用笔加工，产生特殊效果。

（5）底纹：即利用丙烯颜料或胶状白粉在画面上做底，水彩颜料因吸水程度不同而产生变化，适宜表现草丛、布纹的质感。

水彩各种表现技法如图4-8所示。

七、水彩与其他工具的结合技法

水彩与其他工具的结合技法包括铅笔水彩技法、钢笔水彩技法、水彩与水粉结合技法等，如图4-9～图4-14所示。

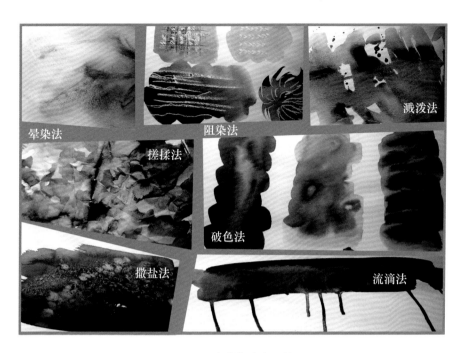

图4-8 水彩各种表现技法

图4-9 铅笔淡彩法 （作者：黄春岚）　　　　　图4-10 钢笔淡彩法之一 （作者：黄春岚）

图4-11　钢笔淡彩法之二　（作者：张楠）　图4-12　水彩与水粉结合技法之一　（作者：黄春岚）

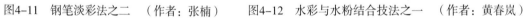

图4-13　水彩与水粉结合技法之二　（作者：黄春岚）　图4-14　水彩与水粉结合技法之三　（作者：黄春岚）

第三节　水粉技法表现

一、概念与特点

　　水粉技法是指运用水粉颜色对服装画中的面料、造型进行表现的技法。特征是不透明，第二遍颜色可以遮盖第一遍颜色，覆盖力强；而水彩色是没有覆盖力的。水粉色的画面也有很强的厚重感，非常适合画秋冬装，比如大衣、毛呢、皮革等。水粉色的表现技法有两种，一种是薄画法，另一种是厚画法。薄画法具有水彩画的特征，流畅，用水来冲淡颜色画亮面；厚画法浑厚坚实，易表现服装的厚质感，用白色颜料和其他色调和后画亮面。表现方法有：平涂法、笔触法、枯笔法、阻染法等。水粉画的色彩效果以鲜艳、华丽、柔和、明亮、浑厚为特点，适宜于表现简明概括、鲜明强烈的画面效果。

二、水粉技法表现注意事项

　　用水粉颜料画服装效果图，要避免画面颜色的"怯""粉""生"。

　　所谓"怯"，是指画面原色和间色用得过多，纯度太高，不含蓄，让人看了眼花缭乱。解决的办法是：画面绝大部分色块采用不同倾向的复色。这是因为自然界丰富多彩的颜色中，复色最多，以复色为主的画面，可给人以平静、高雅的感觉。

　　所谓"粉"，又叫"粉气"，是指画面颜色均含有白粉的成分。如每个色块的颜色中，都加进了白粉，会使整个画面看上去灰蒙蒙、粉乎乎的，色彩不响亮、不利落。解决的办法是：画面上要保留几处暗色，一点白粉也不能加进去，如墙面落影、树木暗部、透过玻璃看到的室内暗部等。在画这些部分时，需要把笔和调色盘清洗干净，更换洗笔水。在画这部分时，需要把笔和调色清洗干净，更换洗笔水。采取这样一些措施后，画面就不会出现"粉气"了。现代水粉渲染中玻璃常采用水彩颜料，这样也可以使画面避免粉气。

　　所谓"生"，又叫"火气"。它与粉气相反，指画面颜色中不敢加入白粉，尽管有部分复色，仍感觉画面颜色生而燥。解决的办法是：在多数颜料的调配中，不要忌讳加入白粉，只要不是所有颜色都含有白粉即可。

　　上面三点是一般初学者极易出现的毛病，只要采取适当措施，即可避免。

三、水粉表现技法

1. 平涂法

　　平涂法是水粉技法中最基本的一种技法，其方法是以服装的固有色为主，按服装的结构进行平涂上色，具有装饰效果，表现均匀的美感，体现了形式美法则中均匀统一的形式美感。适合表现平贴、厚重、静态、凝重的服装及花布服装。平涂缺少变化和动感，不适合表现轻盈、透明、飘逸的服装，如图4-15所示。

2. 枯笔法

　　笔头少水色多，运笔出现飞白；用水比较饱满的笔在粗纹纸上快画，也会产生飞白的效果。表现闪光或柔中见刚等效果常常采用枯笔的方法，如图4-16所示。笔头直接用颜料在暗面皴擦，笔触按衣纹走向。用这种手法也能表现出牛仔的粗犷感觉。

图4-15　平涂法　（作者：牛繁星）

图4-16　枯笔法　（作者：程霞）

3. 笔触法

笔触法如水彩画中的一样，只不过是每一次调亮色时要加白色，方法还是一笔一笔地从暗面画到亮面，如图4-17所示。

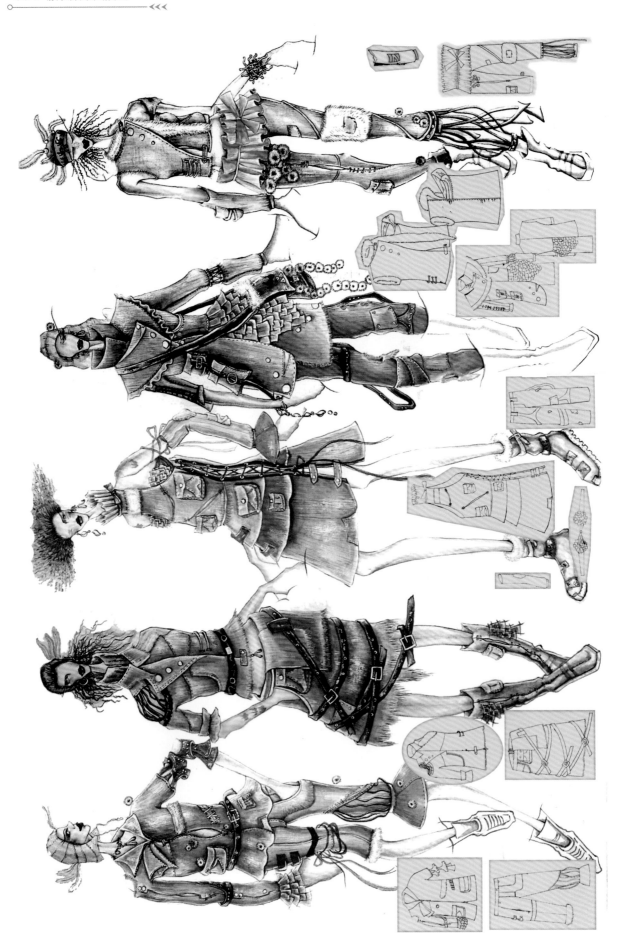

图4-17 笔触法 （作者：陈明）

四、水粉技法步骤案例

第一步：用铅笔勾勒人物的轮廓，细节不用画太细致。注意用笔的轻重关系，一般暗面的地方线条画重一些，反之线条画轻一些，图4-18所示。

第二步：用肤色颜料加赭石加水画肤色部分，亮面的色彩水多一些，暗面的色彩水少一些，如图4-19所示。

第三步：调出服装固有色画服装，轻薄面料用水粉的薄画法，用笔触法从暗面画到亮面，大量留白来表现面料的轻薄。如果面料是透明的，先画里面的色彩，待颜料干后再画透明外部的衣纹，注意色彩的明暗关系，如图4-20所示。

第四步：用小毛笔画细节部分，笔上的颜料多一些，水少一些，注意塑造形体，服装效果图是近看的，所以画得细致一些，干净些更好，五官刻画要细腻，如图4-21所示。

第五步：调整细节，该提亮的提亮，该加深的加深，如果有些精细图案可以借助电脑进行后期处理，如图4-22所示。

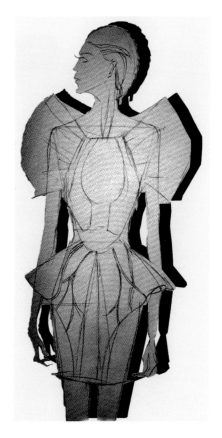

图4-18 勾勒轮廓

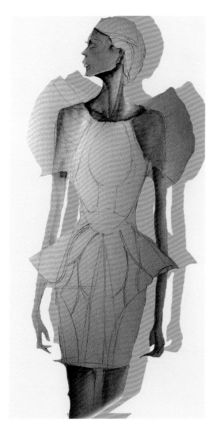

图4-19 涂肤色

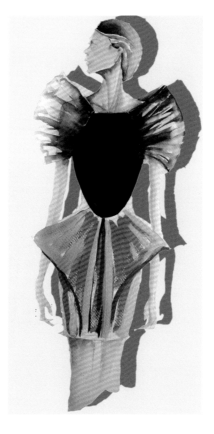

图4-20 涂画服装

图4-21 手绘刻画细节

图4-22　调整细节　（作者：黄春岚）

第四节　彩铅技法表现

铅笔技法是效果图技法中历史最久的一种，因为这种技法所用的工具容易得到，技法本身也容易掌握，绘制速度快，空间关系也能表现得比较充分。彩铅就是彩色铅笔，是效果图绘制的常用工具，主要用于加色和勾勒线条。彩色铅笔在作画时，使用方法同普通素描铅笔一样，但彩色铅笔进行的是色彩的叠加。彩色铅笔使用简单，易于掌握。它的笔法从容、独特，可利用颜色叠加，产生丰富的色彩变化，具有较强的艺术表现力和感染力。

一、彩铅的分类

1. 按原料分

（1）蜡质（油性）彩色铅笔（表现面料易产生光滑亮丽的感觉）。

（2）水溶性彩色铅笔（表现面料时可用水渲染，表现轻盈飘逸的面料效果较好）。

2. 按多少色分

彩色铅笔有12色、24色、36色、48色、72色等盒装种类。

二、彩铅的特点

彩色铅笔之所以备受设计师的喜爱，主要因为它有方便、快速、简单、易掌握的特点，运用范围广、效果好，是目前较为流行的快速技法之一。彩色铅笔最大的优点就是能够像运用普通铅笔一样运用自如，同时还可以在画面上表现出笔触来。在此强烈建议，购买彩色铅笔可不能节省，一般国产彩色铅笔有一个致命的缺点：无论如何都不可能削到像包装盒上画的那么尖，还没等削尖就会发出"啪嗒"折断的声音。而且国产彩铅的硬度普遍太高，因此色彩也显得很淡，难以深入地描绘。

蜡质（油性）彩色铅笔与铅笔一样，可以用橡皮进行修改，非常适合初学者使用，彩色铅笔不像水彩或水粉能一次性大面积上色，因此要有耐心地慢慢描绘。彩色铅笔上色后有一层绒毛效果，特别适合表现毛质类的面料。用纸最好选择表面较粗糙的。画面效果细腻、逼真，具体表现时常采用素描式的线条画法，再结合一些色彩的渐变。同时要注意服装的整体色彩关系，避免局部刻画而忽略了整体的色彩倾向。彩色铅笔用笔讲究虚实及层次关系，使用时注意线条的方向要一致而有层次。上色时最好多次覆盖（注意明暗层次关系），如果只上一遍色，色调会太浅，使画面无冲击力。

水溶性彩色铅笔是兼备色铅笔与水彩两种特性的笔，不用水渲染时画法与油质彩色铅笔一样，用水渲染后像水彩画一样。由于它兼备两种特性，所以常常是画的时候干湿结合，选择纸张一般是水彩纸。使用水溶性彩铅时要充分体现出水溶性彩铅的特色，也就是将一幅彩铅稿画的如同水彩画一样华丽精致，有三种方法：

（1）用彩铅绘画完成后，加水便成为水彩画。

（2）用彩铅画完后，使用喷雾器喷水。

（3）将画纸先涂一层水，然后再在上面用彩色铅笔作画。

三、彩铅绘画色彩三要素的变化（图4-23）

1. 改变色相

（1）在颜色上覆盖或叠加一层颜色，可来组合两种或更多的彩色铅笔色相。

（2）色块并置衔接会改变原有彩铅的色相。

2. 改变明度

（1）改变用笔的力度。

（2）在颜色上用白色或黑色覆盖。

（3）用浅颜色或深颜色铅笔覆盖。

3. 改变纯度

（1）降低纯度的方法：用中性的灰色覆盖；用黑色覆盖；使用对比色或接近对比色的颜色覆盖。

（2）提高纯度的方法：加大铅笔的压力，增加纯度的同时明度会降低；先用白铅笔覆盖，再用原来的颜色覆盖；相邻的颜色混合，如淡黄和橘黄混合后纯度更高。

色块叠加改变色相　　　　　　　色块并置衔接改变色相

加白色改变明度　　　改变力度，压力越大越暗，反之越亮　　　加黑色改变明度

涂抹次数越多，压力越大纯度越高　　　加亮色、暗色改变明度　　　加灰色纯度下降

用邻近色叠加纯度会提高　　　加黑色纯度下降　　　加对比色纯度下降

图4-23　改变色彩三要素

四、彩铅的笔触方法

用笔要随形体走方可表现形体结构感。用笔用色要概括，应注意笔触之间的排列和秩序，以体现笔触本身的美感，不可零乱无序。不要把形体画得太满，要敢于"留白"。用色不能杂乱，用最少的颜色尽量画出丰富的感觉。画面不可以太灰，要有阴暗和虚实的对比关系。使用彩铅的笔触方法如图4-24所示。

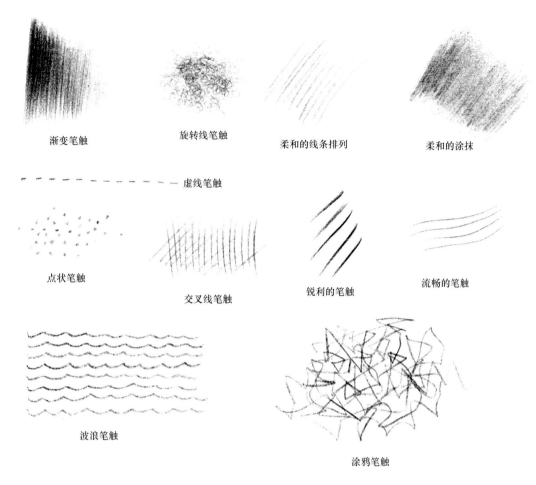

渐变笔触　　旋转线笔触　　柔和的线条排列　　柔和的涂抹

虚线笔触

点状笔触　　交叉线笔触　　锐利的笔触　　流畅的笔触

波浪笔触

涂鸦笔触

图4-24　笔触方法

笔触的方向尽量保持统一，用笔方向稍微向外倾斜，保持形式美感。用色准确，下笔果断，加强力度，拉开明暗对比。较重会使图画比较粗重，色彩饱满；用力较轻可以使色调与纹理混合搭配比较细腻，但画面容易发灰，偏浅。

五、彩铅表现技法

1. 渐变叠彩排线法
运用彩色铅笔均匀排列出铅笔线条，色彩可重叠使用，变化较丰富，易产生硬朗感。
2. 渐变涂抹法
运用彩色铅笔渐变涂抹的笔触，色彩可产生一种柔和的效果。
3. 水溶退晕法
利用水溶性彩铅溶于水的特点，将彩铅线条与水融合，达到退晕的效果。

4. 调子画法

调子画法指的是铅笔靠得很近很紧的线条，显得如同融合到一起的效果，这是不用擦涂达到的效果，这样得到的调子几乎失去了线条的感觉；也可以是擦涂后达到的一种朦胧效果。

如图4-25～图4-28所示为彩铅作品，注意用色技巧：

（1）铅笔的压力和纸张表面的肌理可产生不同的渐变。

（2）铅笔的方向渐变可以得到不同的调子。

（3）色调边界的控制可赋予画面独特的味道及情调。

图4-25　彩铅技法之一　（作者：胡艳丽）

图4-26　彩铅技法之二　（作者：张露英）

图4-27　彩铅技法之三　（作者：黄春岚）

图4-28 彩铅技法之四 （作者：郑建文）

第五节 马克笔技法表现

一、马克笔技法表现的基本概念与特点

马克笔是一种用途广泛的工具，它的优越性在于使用方便，干燥迅速，可提高作画速度，已经成为广大设计师进行室内装饰、服装设计、建筑设计、舞台美术设计等必备的工具之一。马克笔的特点是线条流畅、色泽鲜艳明快、使用方便。马克笔具有容易干，不需要用水调和，着色简便，绘图方便，速度快等特点。笔触明显，多次涂抹时颜色会进行叠加，因此要用笔果断，在弧面和圆角处要进行顺势变化。

二、马克笔的分类

1. 按照墨水性质分

（1）水性马克笔：具有浸透性，挥发较快，通常以甲苯为溶剂，使用范围广，能在任何材质表面上使用，如玻璃、塑胶等，具有广告颜色及印刷色效果。由于它不溶于水，所以也可以与水性马克笔混合使用，而不破坏水性马克笔的痕迹。

（2）油性马克笔：没有浸透性，遇水即溶，绘画效果与水彩相同。笔头形状有四方粗头、尖头、方头等。四方粗头与方头适用于大面积的画面与粗线条的表现，尖头适用画细线和细部刻画。

2. 按照笔芯形状分

（1）细头型：适合细线的描绘及笔触。

（2）平口型：笔头宽扁，适合勾边、大面积着色及写大型字体。

（3）圆头型：笔头两端呈圆形，书写或着色时不需转换笔头方向，适合勾边。

（4）方尖型：又名刀型，适合勾边着色以及书写小字。

三、马克笔用纸

使用马克笔表现服装效果图选择纸张是非常重要的，不要用吸水性太强的纸，不然会使色彩散开而导致污浊的现象。最好用布纹纸、水彩纸等硬质地的纸。另外，专用的马克笔用纸是乳白色、半透明且用起来还比较方便的一种纸，用质量较好的复印纸画马克笔技法也感觉很好。

四、马克笔用笔

马克笔用笔讲究力度与变化，力度是指下笔要准。变化是指在统一的基础上加强疏密、粗细、曲直等变化，麦克笔借助钢笔的技巧来完成更好，尽量一气呵成。钢笔是极为常用的工具之一，可以选用弯头钢笔或多种型号的宽头钢笔，但要注意，宽头钢笔的特点是画出较阔的线迹，当表现连续、均匀、弯曲的线时，宽头钢笔便不能胜任。钢笔的墨水可选用较好质量的黑色绘图墨水，并经常保持钢笔的清洁，以保证墨水流畅。钢笔与马克笔结合使用实在是便捷。

五、马克笔使用的注意事项

（1）在运笔过程中，用笔的遍数不宜过多。在第一遍颜色干透后，再进行第二遍上色，而且要准确、快速。否则色彩会渗出而形成混浊之状，而没有了马克笔透明和干净的特点。

（2）用马克笔表现时，笔触大多以排线为主，所以有规律地组织线条的方向和疏密，有利于形成统一的画面风格。

（3）马克笔不具有较强的覆盖性，淡色无法覆盖深色。所以，在进行效果图上色的过程中，应该先上浅色，然后覆盖较深重的颜色。并且要注意色彩之间的相互和谐，忌用过于鲜亮的颜色，应以中性色调为宜。

六、马克笔技法表现

1. 马克笔绘画步骤（图4-29）

第一步：画好人体，简略一些即可。

第二步：在人体上穿好衣服，注意衣纹结构勾线的轻重。

第三步：给人物铺大色调，注意笔触方向及排列手法。

第四步：用服装固有色的深色画暗面，注意笔触。

第五步：画鞋与围巾的中间色。

第六步：完成细节部分，调整色调，完成背景。

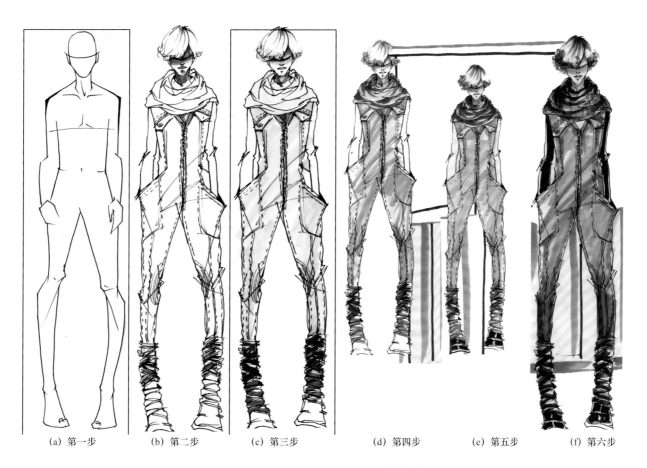

(a) 第一步　　(b) 第二步　　(c) 第三步　　　(d) 第四步　　(e) 第五步　　　(f) 第六步

图4-29　马克笔绘画步骤　（作者：胡艳丽）

2. 马克笔技法表现

马克笔用色大胆，注意用笔的手法可以平涂，也可以点状分布来画，如图4-30所示。如图4-31所示，鞋的高光部分先用马克笔平涂，再用水粉画高光部分，如图4-32～图4-35所示为马克笔技法作品。

图4-30　马克笔笔触法表现休闲装面料　（作者：胡艳丽）

图4-31　马克笔笔触法表现雪纺面料　（作者：黄春岚）

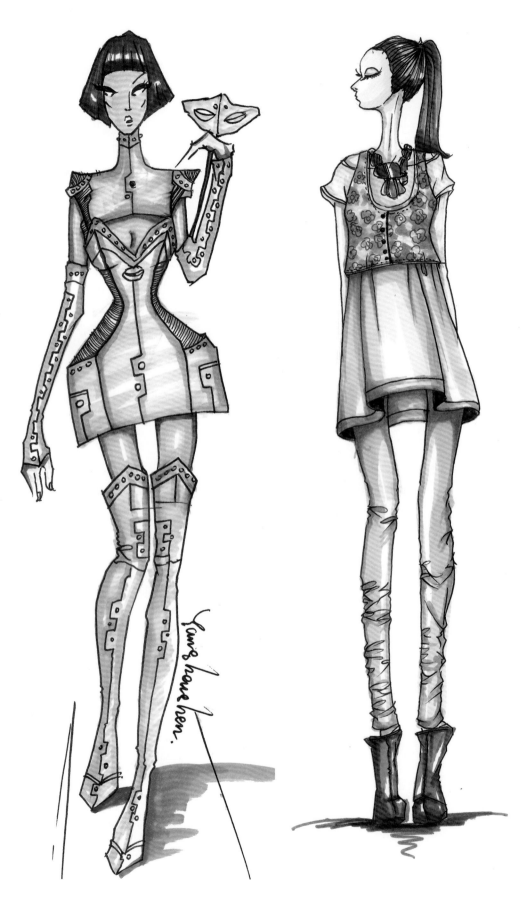

图4-32 马克笔技法表现之一 （作者：云深深 指导老师：黄春岚）

图4-33　马克笔技法表现之二　（作者：云深深　指导老师：黄春岚）

图4-34　马克笔与彩铅结合技法表现　（作者：黄春岚）

图4-35　马克笔渐变色彩表现　（作者：胡艳丽）

第六节　各种织物表现

一、纱质面料质感的表现

纱质面料的特征是飘逸、轻薄，半透明，易产生褶，色彩虚实变化多，表面光滑细腻，纱上可以有各种图案形式表现细节。在表现薄料时，常使用较细而平滑的线条，有一种轻松、自然的感觉，不宜使用粗而宽的线，因为粗而宽的线显得很笨重。一般用铅笔或同种色的深色勾边，如果用钢笔勾边就显得薄料硬一些。以淡彩的形式能较好地表现薄质面料。淡彩施色注意亮面颜色不宜太深。纱质面料的特征就是透明，所以画的时候注意里外层次感。纱质面料的表现可以综合运用重叠法、晕染法或喷绘法。在纱质的面料覆盖在比它们的色彩明度深的物体上时，被覆盖物体的颜色会变得较浅；反之，被覆盖物体的色便会变深。在画纱质面料时，应先画它覆盖在里面的物体，再画纱质织物，如图4-36、图4-37所示。

二、中厚面料质感的表现

中厚面料的特征是有重量感，色彩一般用水粉色，用线一般较粗犷、挺括。呢子的反光性较弱，可利用平涂、喷绘等方法表现出这种感觉来。对于粗花呢，可采用阻染法、拓印法、平涂法等表现粗花呢的花纹。由于面料厚度的影响，中、厚面料的褶不易固定，因而衣纹显得大而圆滑。在表现牛仔布时，可用枯笔法、刀刮法等，如图4-38～图4-41所示。

三、镂空蕾丝面料质感的表现

阻染法是表现镂空面料的好办法。将白色油画棒按需要先画好图案，然后将水粉色或水彩色覆盖于图案之上（面积略大些），两种不同性质的颜料会产生分离的效果，以此产生镂空面料的感觉。也可以用勾线的方法表现镂空面料，如图4-42所示。

四、针织面料的表现

编织的表面纹理是针织面料质感表现的重点。由于针织面料的种类不同，其表现方法亦各异。编织面料的外形轮廓不稳定，给人感觉较随意，衣纹圆润；由于编织面料的图案造型是根据编织面料的纹理走向而生成的，所以在表现这类图案时，可考虑用方块状与锯齿状；工具可以使用彩色铅笔、油画棒等，而技法可采用摩擦法、勾线平涂、电脑上色、笔触法等，如图4-43～图4-45所示。

五、裘皮面料的表现

裘皮面料具有蓬松、无硬性转折、体积感强等特点。长毛狐皮面料具有一种层次感。表现裘皮可结合点染法（先铺水，再在暗面点状上色，色会水自然散开而产生一种毛绒感）、撤丝法、刀刻法等，先画深色，然后顺其纹理逐层提亮。裘皮面料表现技法如图4-46～图4-49所示。

六、反光面料的表现

表现反光面料重点是表现面料的亮面、灰面、暗面，将灰面与亮面的明度加大，产生光感强的对比效果，画反光面料要注意亮面的褶皱形状，一般褶皱的形状多曲折。如果是片状的金属片反光面料要注意高

图4-36　纱质面料表现　（作者：黄春岚）

图4-37　婚纱表现　（作者：罗晗祯）

图4-38　中厚面料表现技法之一　（作者：田家铭、许瀚月）

图4-39　中厚面料表现技法之二　（作者：禄锋、葛真利）

图4-40　中厚面料表现技法之三　（作者：李雪、郑建文）

图4-41　中厚面料表现技法之四　（作者：江政浩）

图4-42 镂空蕾丝面料表现技法 （作者：刘焱）

图4-43 针织面料表现技法之一 （作者：刘兴兴）

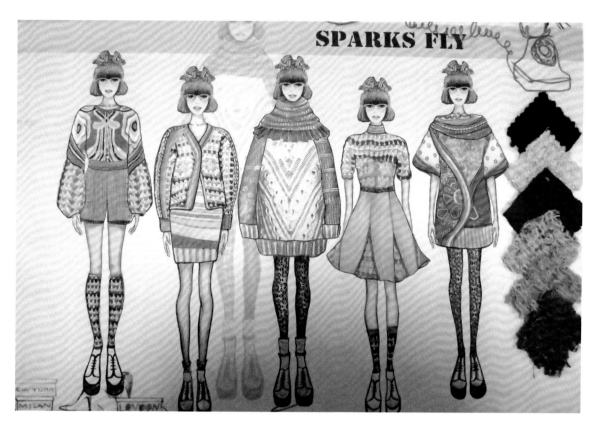

图4-44　针织面料表现技法之二　（作者：周文清　冯青霞）

图4-45　针织面料表现技法之三　（作者：冯青霞）

图4-46　裘皮面料表现技法之一　（作者：黄春岚）

图4-47　裘皮面料表现技法之二　（作者：黄春岚）

图4-48 裘皮面料表现技法之三 （作者：卞惟翠）

图4-49 裘皮面料表现技法之四 （作者：刘娜）

光处的光泽感。反光面料表现技法如图4-50所示。

图4-50 反光面料表现技法 （作者：黄春岚）

七、羽绒面料的表现

羽绒面料的特征是蓬松、轮廓线条圆浑，有绗缝的地方会出现鼓泡现象，注意绗缝处会出现细碎褶皱，如图4-51所示。

图4-51　羽绒面料表现技法　（作者：黄春岚）

八、格子面料的表现

格子面料表现技法如图4-52所示。

图4-52　格子面料表现技法　（作者：牛繁星）

第七节　特殊技法与电脑服装效果图表现

一、特殊技法

特殊技法表现能让服装效果图产生画笔绘画达不到的效果，这里介绍几种常用的特殊技法。

1. 拼贴

拼贴的艺术源于波普艺术。波普艺术家们用他们在生活环境中所接触的材料和媒介来创造大众所能理解的形象，以使艺术和工业机械文明相结合，并利用大众传播媒介（电视、报纸、印刷品）加以普及。为了达到有效的宣传效果，这些大众、通俗的艺术中须有新奇、活泼、富有性感的内容来吸引观众的注意力，刺激他们的消费欲望，成为消费艺术的文明。

拼贴服装效果图的选材很关键，应尽力做到借用和代用的效果，力求艺术性和趣味性的融合。例如，用旧照片或旧报纸来表现面料的花纹，用竹笋壳来表现毛皮斑纹，用薄膜塑料来表现透明内衣，用餐巾纸表现针织衫……拼贴的手法追求的就是用物质创造艺术换来观者的联想与认可，如图4-53所示。

图4-53　拼贴服装效果图　（作者：嘎日迪）

2. 有色纸

有色纸常会给服装效果图带来意想不到的效果。一般选择有色纸的颜色时都要根据服装的固有色而定。比如，用比有色纸暗的颜色来画服装的暗部，服装的最亮处可以用白色提亮。如今市面上有许多不同种类的有色纸，无论选择哪种有色纸，能达到"笔未到而神韵在"的效果是最理想的，如图4-54所示。

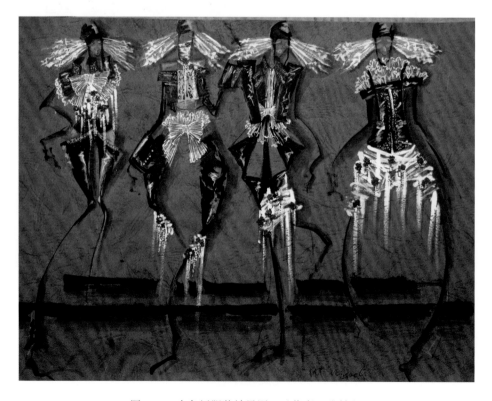

图4-54　有色纸服装效果图　（作者：张楠）

3. 喷绘

用颜料放在牙刷上或自制一喷壶，喷洒在所需要的画面上，不需要喷的地方需要遮盖。这种手法可以使画面有一种梦幻的美，如图4-55所示。

图4-55　喷绘技法服装效果图　（作者：兰利）

二、Photoshop软件绘制服装效果图背景

　　Photoshop的图像放大来看会发现图像是由色块组成的，这些色块我们称之为像素。Photoshop是由像素组成的，放大后会发现图像的边缘有锯齿现象，而缩小后会发现边缘虚化。Photoshop图像是不可以随便放大或缩小的，否则会造成虚化而影响品质。Photoshop作为目前最流行的图像处理应用软件，自问世以来就以其在图像编辑、制作、处理方面的强大功能和易用性、实用性而备受服装行业的青睐。扫描到电脑中的图片要超过300万像素才能保证打印出来的图片清晰，如图4-56、图4-57所示为用Photoshop软件处理背景的服装效果图。

图4-56　Photoshop软件处理背景的服装效果图之一　　（作者：吴研）

图4-57　Photoshop软件处理背景的服装效果图之二　　（作者：赖永夏、李乾玲）

以下为用Photoshop软件处理的示范：

第一步：先从Photoshop文件中打开扫描的一张图片，用工具箱中的磁性套索工具把人物选中（图4-58）。

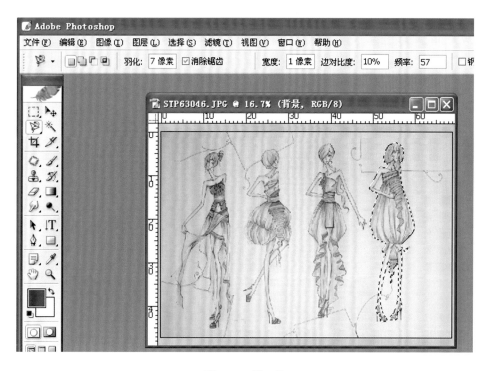

图4-58　第一步

第二步：从文件中新建一张A3纸，用工具箱中的移动工具把原来圈选的图拖移过来（图4-59）。

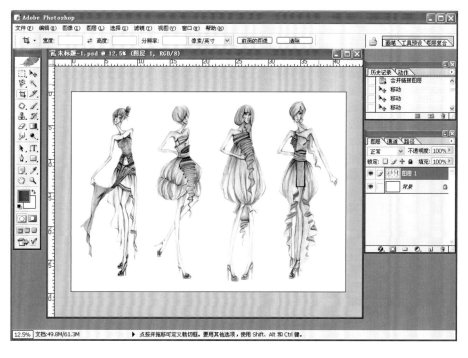

图4-59　第二步

第三步：用工具箱中的魔术棒选中白色背景，用键盘上的Del键删除，再打开窗口中的图层乌泊窗，在图层最下面选中投影按钮，点中后会出现一个投影对话框，要用距离拉开才看得见投影（图4-60）。

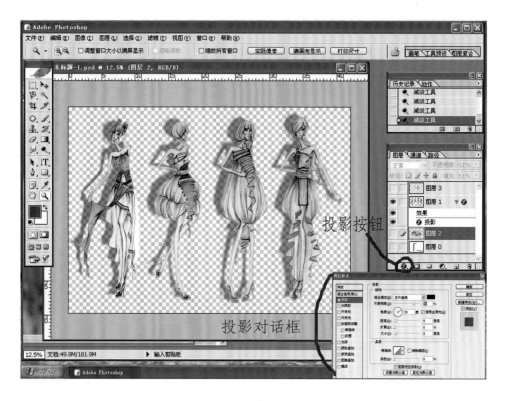

图4-60　第三步

第四步：从网上收集一张背景图片打开，用椭圆选框选取所需图片，属性栏中设置羽化为50，再用移动工具拖入，双击背景层，解除锁定，把刚拖移过来的图层放置最底层。如果看不到背景，说明人物外的白色部分没有删除（图4-61）。

图4-61　第四步

第五步：在背景的上一层画框，用矩形选框选好大小，再到属性栏的编辑中查找描边8，填充黑色。也可用Alt+Del键填充工具箱中的前景色。最后打开文件中的保存（图4-62）。

图4-62 第五步

三、手绘与电脑软件相结合的服装效果图欣赏（图4-63～图4-72）

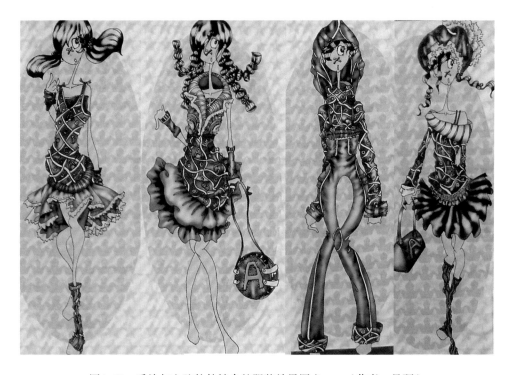

图4-63 手绘与电脑软件结合的服装效果图之一 （作者：吴研）

图4-64　手绘与电脑软件结合的服装效果图之二　（作者：李光兵、钱庆良）

图4-65　手绘与电脑软件结合的服装效果图之三　（作者：余登台）

图4-66　手绘与电脑软件结合的服装效果图之四　（作者：聂珍金、王庆武）

图4-67　手绘与电脑软件结合的服装效果图之五　（作者：李旋、王文龙）

图4-68　手绘与电脑软件结合的服装效果图之六　（作者：白雪、巢娜娜）

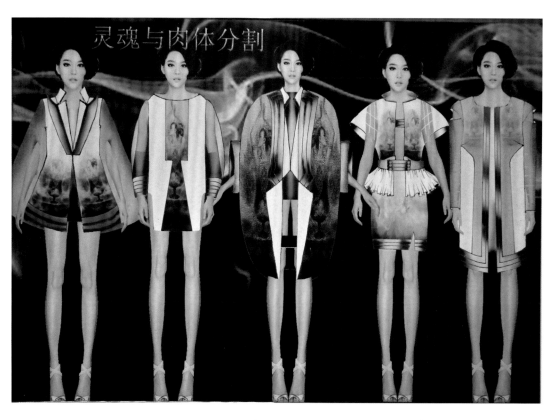

图4-69　手绘与电脑软件结合的服装效果图之七　（作者：王瑞）

图4-70　手绘与电脑软件结合的服装效果图之八　（作者：高悦）

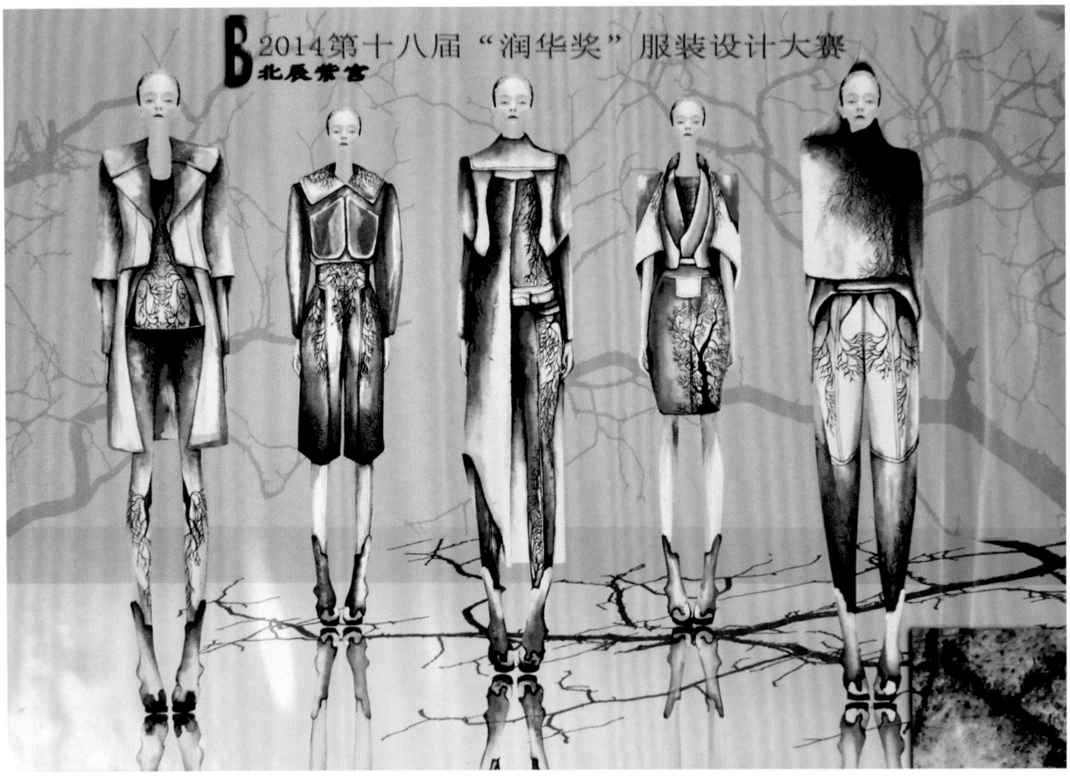

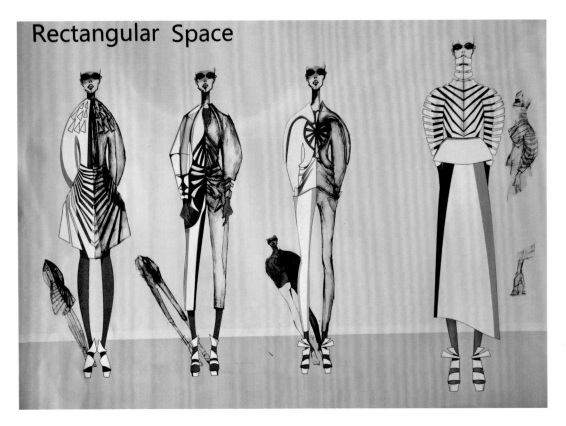

图4-71　手绘与电脑软件结合的服装效果图之九　（作者：韦艳梅　郭玲玲）

图4-72　手绘与电脑软件结合的服装效果图之十　（作者：张兵）

第五章　服装绘画的创意设计表现

第一节　引发创意表现的源泉

创意设计是一种十分活跃的思维活动，通常要经过一段时间的思想酝酿而逐渐形成，也可能由某一方面的触发激起灵感而突然产生。大千世界为设计提供了无限宽广的素材，如图5-1所示，设计师可以从过去、现在到将来的各个方面挖掘题材。设计师正是通过时装画借以表达创意设计的过程，通过修改补充，在考虑较成熟后，再绘制出详细的服装设计图。

灵感来源——一个看起来和听起来都让人感到迷惑不解、玄机重重，然而在实际的转化过程中是有规律可循的！因此，培养自己寻找灵感的能力就格外重要，培养自己发掘灵感的能力可以从以下几个方面着手（图5-1）。

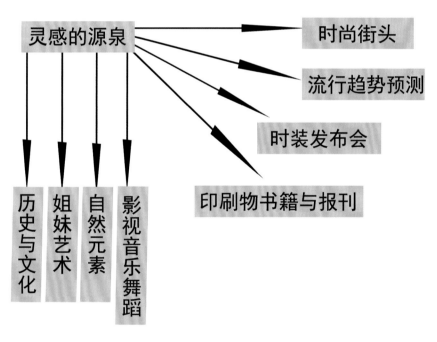

图5-1　灵感来源

一、时尚街头

时尚街头主要推崇人群定位为新时代的潮人型，街头文化已经成为"型酷"和时尚的象征。街头文化有多种，在街头任何的艺术都可以称为街头文化。近代的街头文化在20世纪的70年代得到发展，集中在欧美地区，特别是美国的街头时尚热火时区，出现的街头音乐Rabrap（说唱音乐）、摇滚音乐等。还有街头舞蹈街舞、滑板族、滑旱冰。伴随出现的是街头服饰、涂鸦等。设计师们在旅行与采风中会对街头的流行与时尚进行捕捉，成为自己的设计灵感。每季时尚流行趋势中街头时尚已然成为最常见和重要的灵感元素之一。现在，在五大世界时装之都中，这种街头时尚的表现形式影响范围相对比较广泛，如图5-2～图5-4所示。

图5-2　巴黎时尚街头

图5-3　纽约时尚潮人

图5-4　根据街头时尚为灵感的设计绘画

二、流行趋势预测

流行趋势对当代的服装设计影响越来越大，大众人群追随潮流的指示标也越来越注重流行趋势的信息，所以关注流行趋势是服装设计师的重要课程。流行趋势主要研究主题的流行趋势、色彩面料图案的流行趋势、款式的流行趋势以及配饰的流行趋势。

我们可以通过《国际纺织品流行趋势》刊登的男装春夏流行快报为案例，进行具体男装主题、款式、色彩等分析。

流行趋势体现出的信息有：

主题趋势——休闲，恬静风的延续；

款式趋势——运动的简洁外形、松弛的外形

寻找怀旧的效果；

面料趋势——做旧效果、柔软面料；

色彩效果——自然界多姿多彩的色彩；

设计师就可以根据这些资料进行时装画的设计与绘画，如图5-5、图5-6所示。

图5-5　流行趋势预测快报

图5-6　根据流行趋势预测为灵感的设计绘画　（作者：丁林）

三、时尚发布会

　　发布会是传递时装设计师在创新和引领的流行元素所展示的一个平台。进行服装设计绘画的时候，千万不要遗漏了发布会带给我们的灵感和启发。灵感可以来自一个发布会，也可以来自多个发布会，在进行服装设计绘画中可以重新进行分析和组合，做出自己特色的设计绘画。2014/2015秋冬高级成衣系列在夏奈儿购物中心揭开帷幕。巴黎大皇宫玻璃穹顶之下，场地被改造成一望无边的超市，饶有趣味的场地布置，巧妙地传达了波普艺术包装下的消费主义文化与轻松惬意的日常奢华概念，如图5-7～图5-9所示。

图5-7　夏奈儿2014/2015秋冬高级成衣系列

图5-8　根据发布会为灵感的设计绘画之一

图5-9　根据发布会为灵感的设计绘画之二　　（作者：郑建文、李雪）

四、书籍与报刊

　　我们平常所接触的各种服装书籍、时装杂志类等对我们的设计灵感都会产生很大的启发，如图5-10、图5-11所示。

图5-10　根据期刊为灵感的设计绘画

图5-11　根据印刷书籍为灵感的设计绘画　（作者：胡艳丽）

五、历史与文化

　　文化是人类智慧和劳动创造的产物，也是人类改造客观世界和自己主观世界的产物。文化作为一种意识形态给人类的生产和生活带来了极大的影响，它渗透到我们生活的方方面面，它的传承和发展印证了历史的进步。如图5-12、图5-13所示为根据历史和文化为灵感的服装设计。

图5-12　传统纹样景泰蓝和经典蓝

图5-13　根据历史与文化为灵感的设计绘画

六、姐妹艺术

电影、建筑、绘画等这些艺术门类也会对服装设计绘画起到推动作用。艺术是人们把握现实世界的一种方式，艺术活动是人们以直觉的、整体的方式把握客观对象，并在此基础上以象征性符号形式创造某种艺术形象的精神性实践活动，如图5-14所示。

图5-14 电影《穿普拉达的女王》剧照及根据影视形象为灵感的设计绘画 （作者：胡艳丽）

七、自然元素

神奇的大自然所带给我们不仅仅是一个生存的环境，更赋予我们无穷的创造力。中国有句经典名言——"外师造化，中得心源。"例如，大河、山川、植物、昆虫、动物、自然现象等这些美好事物所带来的神奇创造力是无可比拟的，如图5-15所示。

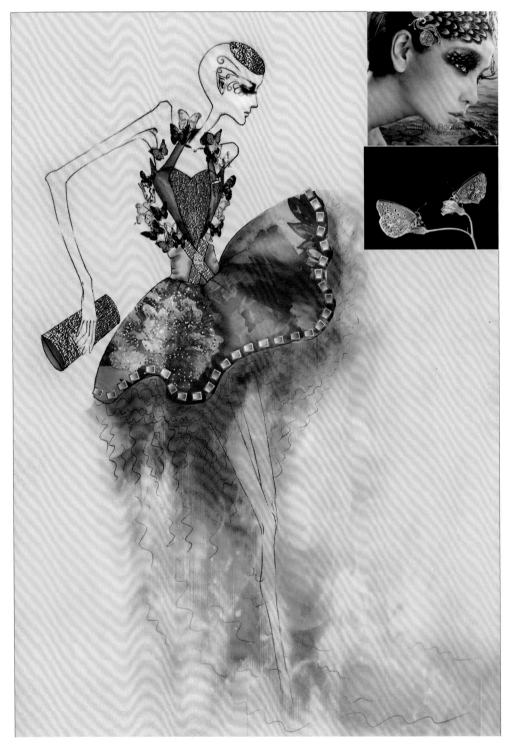

图5-15 根据自然素材蝴蝶为灵感的设计绘画

第二节　创新与设计

如何能把设计师的灵感和所找到的素材通过时装绘画表达出对服装全新的创意构思，就可以选择用直观的形式归纳整理好。设计师将这种将灵感整合在一个版面的形式，简称为灵感剪贴板。

一、何为灵感剪贴板

灵感剪贴板是将设计师搜集的设计素材根据需求整理出精选或范围，制订出创作思路，同时把最有想法的思维不断放大，把创作的激情引向最终的设计效果，完成最后的设计与绘画，如图5-16所示。

图5-16　2014春夏"20世纪90年代流行文化"主题剪贴板

设计师在进行剪贴板制作时，设计师必须要对所选的灵感内容有一个全面、完整的分析，掌握剪贴板主题的研究与延伸、服装具体使用目的、流行趋势的因素等（图5-17）。

二、创意时装绘画表现

通过灵感剪贴板的归纳、提炼，帮助设计师完成对设计绘画对象的风格、廓型、色彩面料等因素的定位，并且也给创意时装绘画表现提供有效依据。

图5-17　2015～2016秋冬流行趋势剪贴板

1. 案例解读一

设计作品：《破茧·成蝶》（图5-18、图5-19）

图5-18　《破茧·成蝶》的灵感主题板

图5-19　《破茧·成蝶》的创意时装画

灵感来源：我们犹如蚕蛹一样，等待着时机破茧而出，挣脱无形的线条枷锁。

设计焦点：

（1）风格焦点：纯洁、高尚、宁静。

（2）款式廓型：本系列运用柔美的线条和几何形状的外轮廓，衣身主要在胸部下摆特殊的处理，款式简单大方。

（3）色彩焦点：色彩则选用黑白灰为主，黑白的运用是视觉的冲击，也是服装中的经典色。

（4）面料焦点：面料采用白色皮革拼接针织面料和肉色雪纺面料。

2. 案例解读二

设计作品：《墨·言》（图5-20、图5-21）

灵感来源："艺以养心，文以载道"的理念，在设计中找到传统文化精粹。

设计焦点：

（1）风格焦点：传承、天人合一、含蓄。

（2）款式廓型：本系列运用简洁的线条和自然的外轮廓，在衣身细节部位进行褶皱处理。

（3）色彩焦点：色彩选用灰色为主的渐变色系，配合黑色、白色辅助搭配。

（4）面料焦点：以自然柔和的面料材质为主，采用印花技术。

三、人物头像的绘画创意设计

一般人物图案的变化表现形式有以下几点。

图5-20 《墨·言》的灵感主题板 （作者：李雪）

图5-21 《墨·言》的创意时装画 （作者：李雪）

1.影绘法

就像描绘物体的影子一样去表现人物的轮廓特征，最大地简化人物的结构关系而采用干涂的手法。这种方法应注意人物外形的轮廓特征，选择适合的角度在平涂后仍能表现出人物特征。还应对外形轮廓进行概括性的简化，去繁就简。如民间的剪纸和皮影中运用得很好，形成了典型的风格，如图5-22所示。

2.秩序化修饰

用统一化、条理化的手法使设计画面出现一种有秩序的美感，要求对杂乱的内容进行整理，使之整齐而统一。可采用重复、近似及渐变等规律性较强而又单纯统一、规则整齐的形式来修饰人物造型。还应对人物的某些结构作必要的简化、删减，适当进行夸张和装饰加工，增加画面的装饰效果，如图5-23所示。

图5-22　影绘法

图5-23　杜丹辰临摹Dou作品

3.写实添加法

写实法通过对外部物象的观察和描摹，亲历自身的感受和理解而再现外界的物象，这种艺术作品符合观者的视觉经验，为观者提供感官的审美愉悦。也可以在写实的基础上美化或加强人物特点。添加法是根据我们构图的需要，在较为单一的纹样上添加一些能突出特征的装饰纹样，使人物形象更加完美突出。我们还可以根据画面的整体形式美需要，在简化后的形象中添加一些抽象的点、线、面或其他形象，使画面的层次更丰富，更具有装饰趣味性。但应注意所添加的纹样与原形象要风格相统一，防止生搬硬套，如图5-24所示。

4.透叠法

在变化人物形象时，可将不同的造型作局部或全部的交错、重叠等，使形与形之间产生透叠的视觉效果，如图5-25所示。

指导老师：黄春岚
作者：葛以凤

图5-24 写实添加法

图5-25 透叠法

5. 写意法

如中国写意画一样的，具有速写的特点。写意法要求用粗放、简练的笔墨，画出对象的形神，来表达作者的意境，如图5-26所示。

6. 巧合法

设计巧合法是指让两个或两个以上的事物碰巧相遇或相合，使矛盾骤起或突然得到解决，要重视表现偶然性的巧合，如图5-27所示。

7. 实物装饰法

实物装饰法是利用实物材料替代绘画手段而产生的一种效果，这种作品可以充分发挥作者利用物材的创作能力，如图5-28所示。

8. 夸张加强法

夸张加强法这是装饰变形手法中最必要的一种手法。进行夸张和加强，必须以简化与秩序化为基础，再去夸张或加强人物的某些特征，如比例、结构、形态等，从而得到自然状态中所没有的美感表现，增强画面的装饰性。我们要夸张和突出本质的、富有特征性的东西，放弃非本质的、非特征的东西。夸张加强是装饰变化的重要手段，当然，其目的是为了使人物形象更加优美，而不是离奇古怪，如图5-29所示。

四、服装效果图创作作品欣赏

根据不同民族服饰特点而设计的民族舞台服装如图5-30～图5-34所示。服装效果图及成衣作品欣赏如图5-35～图5-53所示。

图5-26　写意法

图5-27　巧合法

图5-28　实物装饰法

图5-29　夸张加强法

图5-30 《排工号子》 （作者：胡艳丽、黄春岚）

图 5-31　维吾尔族男子　（作者：黄春岚）

图5-32 舞台服装 （作者：胡艳丽、黄春岚）

图5-33　蒙古族男子　（作者：胡艳丽）

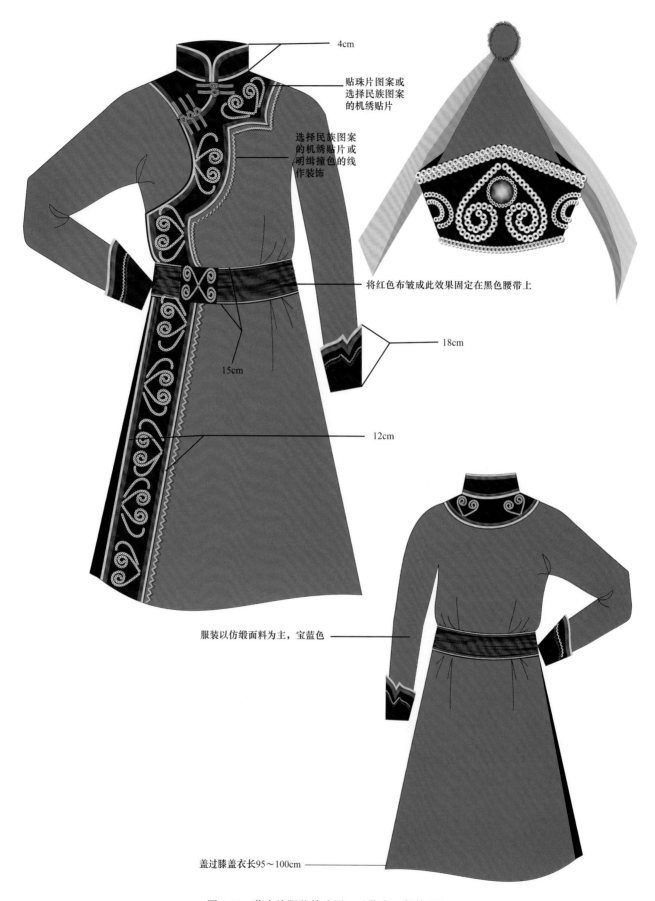

4cm

贴珠片图案或
选择民族图案
的机绣贴片

选择民族图案
的机绣贴片或
明绯撞色的线
作装饰

将红色布皱成此效果固定在黑色腰带上

18cm

15cm

12cm

服装以仿缎面料为主，宝蓝色

盖过膝盖衣长95～100cm

图5-34　蒙古族服装款式图　（作者：胡艳丽）

恩赐之地 Graceland———极简·实用主义风格

挺括太空棉

薄软 PVC 与剪纸

雪花复合面料

图5-35　《恩赐之地（Graceland）》　（作者：查启峻）

图5-36 《呐喊》 （作者：朱晔萍、郑晓丹）

2014年第十八届"润华奖"服装设计大赛

风尚

图5-37 《风尚》 （作者：佘泽清）

图5-38　童装系列设计　（润华奖入围作品）

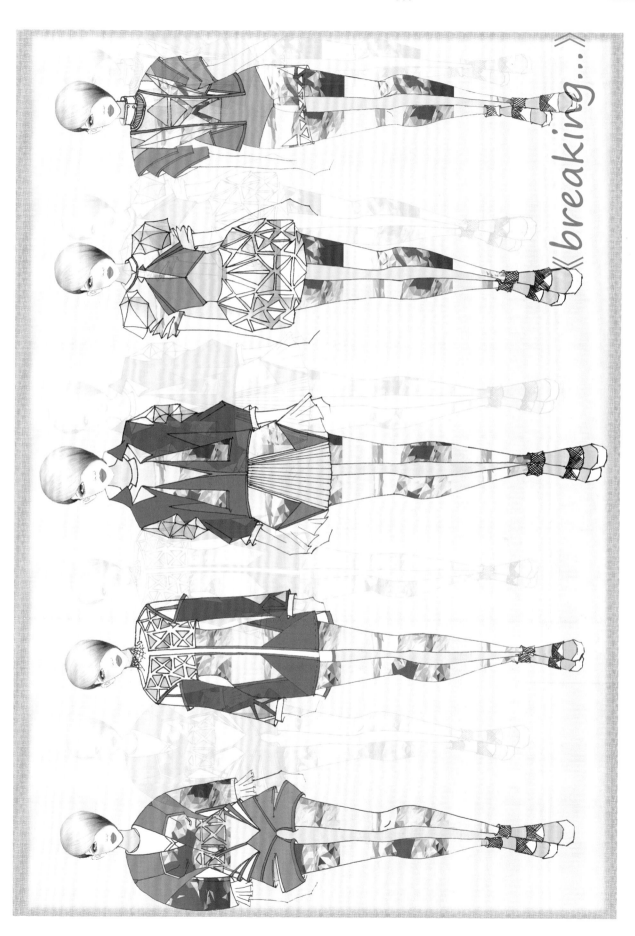

图5-39 《breaking》 （作者：何艺）

图5-40 《日出·东方》 （作者：沈星辰、温雅琦）

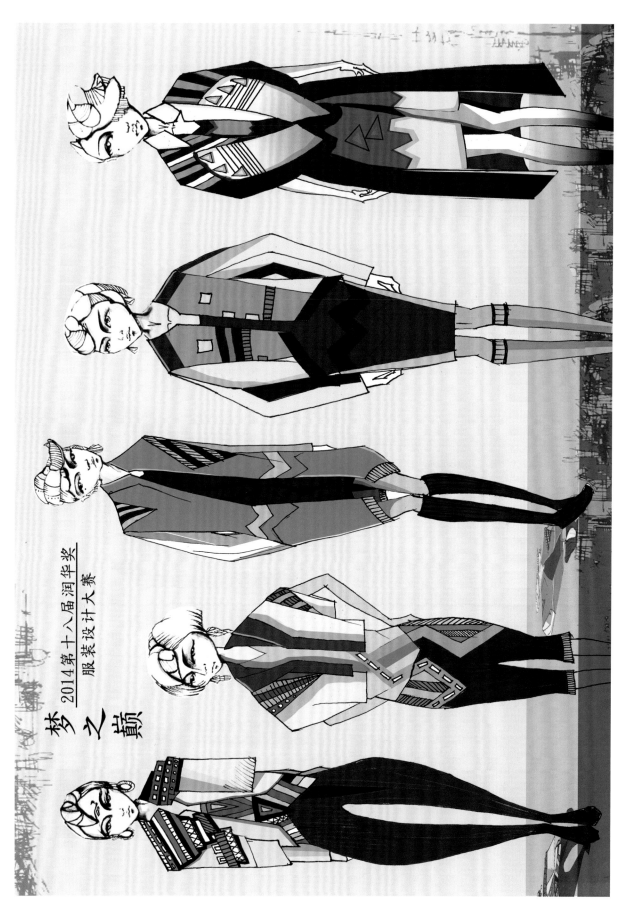

图5-41　《梦之巅》　（作者：余登台、钱庆良）

2014年 第十八届 "润华奖" 服装设计大赛 ——《甲骨藏文》

图5-42 《甲骨藏文》 （作者：余泽清）

图5-43　《度》　（作者：韦艳梅、郭玲玲）

图5-44 《机器们》 （作者：毕金龙）

图5-45　《觅》　（作者：杨玉婷、夏美玲）

江西服装学院·"阿仕顿杯"第一届服装设计大赛

轻松自在

图5-46 《轻松自在》 （作者：郑少辉）

图5-47　《Beauty》　（作者：郭松瑶）

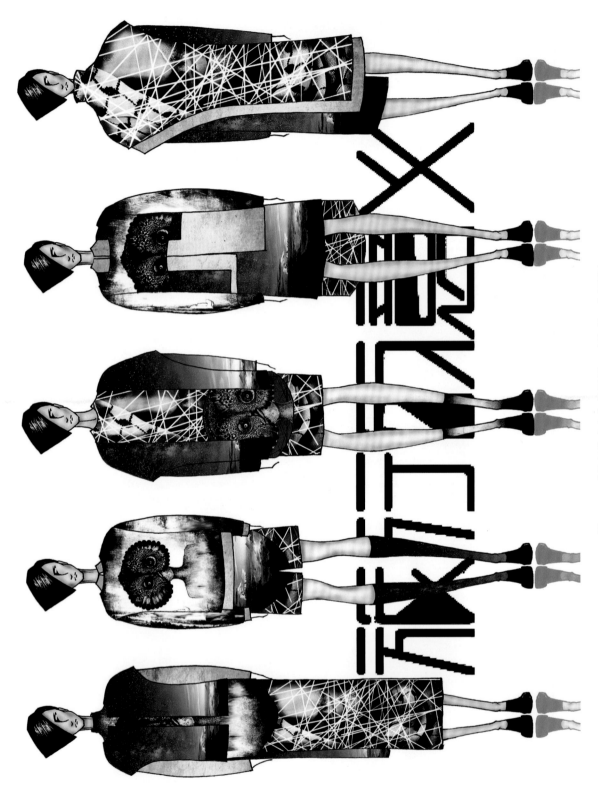

图5-48 《旅行的意义》效果图 （作者：余泽清）

图5-49　《旅行的意义》成衣作品　（作者：余泽清）

图5-50 《Magcal》 （作者：王芝婷、张容佳）

图5-51 《旅行的意义》成衣作品 （作者：王芝婷、张容佳）

灵感来源：

本系列灵感来源于酸酸甜甜的棒棒糖

丰富多彩的色彩搭配仿佛让我们回到了童年，

童年那似棒棒糖一样炫彩而又酸甜的味道。

图5-52 童年的味道 （作者：胡艳丽，黄春灵）

图5-53　《童年的味道》的成衣作品　（作者：胡艳丽、黄春岚）

参考文献

［1］陈闻. 时装画研究与鉴赏［M］. 上海：中国纺织大学出版社，1998.

［2］祖秀霞，曲侠. 服装设计绘画［M］. 北京：中国传媒大学出版社，2011.

［3］王浙. 时装画人体资料大全［M］. 上海：上海人民美术出版社，2013.

［4］刘婧怡. 时装画手绘表现技法［M］. 北京：中国青年出版社，2012.

［5］张茵. 时装设计绘画［M］. 苏州：苏州大学出版社，2007.

［6］Bill Thames. 美国时装画技法［M］. 白湘文，赵惠群，译. 北京：中国轻工业出版社，2012.

［7］胡晓东. 完全绘本服装设计图人体动态与着装表现技法［M］. 武汉：湖北美术出版社，2009.

［8］刘笑妍. 绘本：时装画手绘表现技法［M］. 北京：中国纺织出版社，2013.

［9］Anna Kiper. 美国时装画技法：灵感·设计［M］. 孙雪飞，译. 北京：中国纺织出版社，2012.

［10］凯特·哈根. 美国时装画技法教程［M］. 张培，译. 北京：中国轻工业出版社，2010.

［11］钱欣，边菲. 服装画技法［M］. 上海：东华大学出版社，2007.

［12］古斯塔沃·费尔南德斯. 美国时装画技法基础教程［M］. 辛芳芳，译. 上海：东华大学出版社，2011.

［13］http://www.eeff.net.

［14］http://www.pop-fashion.com.

［15］http://www.topit.me.